# Überzeugen 4.0

Wolfgang Schneiderheinze
Carmen Zotta

# Überzeugen 4.0

## Praktische Emotionale Kompetenz für Echtzeit-Kommunikation im Vertrieb

Springer Gabler

Wolfgang Schneiderheinze
menschenspiegel UG
Rodgau, Hessen, Deutschland

Carmen Zotta
Frankfurt/Main
Deutschland

ISBN 978-3-658-16290-0     ISBN 978-3-658-16291-7   (eBook)
DOI 10.1007/978-3-658-16291-7

Die Deutsche Nationalbibliothek verzeichnet diese Publikation in der Deutschen Nationalbiblio-
grafie; detaillierte bibliografische Daten sind im Internet über http://dnb.d-nb.de abrufbar.

Springer Gabler
© Springer Fachmedien Wiesbaden GmbH 2017

Lektorat: Manuela Eckstein

Gedruckt auf säurefreiem und chlorfrei gebleichtem Papier

Springer Gabler ist Teil von Springer Nature
Die eingetragene Gesellschaft ist Springer Fachmedien Wiesbaden GmbH
Die Anschrift der Gesellschaft ist: Abraham-Lincoln-Str. 46, 65189 Wiesbaden, Germany

# Einleitung

**Welchen Nutzen haben Sie von diesem Buch?**

„Emotionale Kompetenz für Echtzeit-Kommunikation im Vertrieb" – wer profitiert von dieser Kompetenz? Nun, emotionale Kompetenz ist seit den 90er Jahren des letzten Jahrhunderts unbestritten wichtig für jeden, der mit Menschen beruflich und privat zu tun hat, für jeden, der Menschen überzeugen will oder sogar von Berufs wegen muss.

Gespräche, Telefonate, Meetings und Verhandlungen bieten kaum Zeit zum Nachdenken. Gefordert ist „Echtzeit-Kommunikation". Erfolg hängt von den Kompetenzen ab, die Sie in den angesprochenen Situationen abrufen können. Sie können nicht in eine Checkliste schauen, keinen Kollegen fragen und schon gar nicht mehrere Minuten nachdenken. Es zählt jetzt nur, was Sie verinnerlicht haben! Wir zeigen Ihnen, wie Sie auch in kritischen Situationen kühl bleiben und agieren, statt unter Stress emotional zu reagieren. Sie verstehen, wie der Mensch tickt und sich Verhalten beeinflussen lässt. Sie entwickeln Gespür für Fühlen und Denken anderer.

**Wem nützt dieses Buch?**

Wer arbeitet „im Vertrieb"? Ist Vertrieb gleichzusetzen mit Verkaufen? Oder anders ausgedrückt: Welche Positionen und Aufgaben gehören zum Vertrieb? Bin ich als Führungskraft ein Verkäufer meiner selbst? Ist ein Kundenbetreuer in einem Bankhaus, der hochkarätige Kunden betreut, ein Berater oder doch eher ein Vertriebsmitarbeiter oder beides? Funktionsverteilungen und Schnittstellen sind so vielfältig, dass man von außen betrachtet schwerlich sagen kann, welche Bedeutung vertriebliche Aspekte in einer bestimmen Position einnehmen.

Sicherlich kann ein Kundenberater nur dann ein guter Verkäufer sein, wenn er seine Kunden gut berät, gerade weil die Beziehung zwischen Bank und Firmenkunde auf einer hoffentlich langen und vertrauensvollen Kundenbeziehung beruht. Andere Unternehmensbereiche wiederum sind so komplex, dass Vertriebsmitarbeiter zwar noch die Kundenbeziehung herstellen, das eigentliche Angebot und die spätere Umsetzung oder gar der Service von komplett anderen Abteilungen übernommen werden. Ist der Service-Mitarbeiter, der in der Folge die Wartung übernimmt, und damit bei den Kunden viel stärker präsent ist, nicht viel stärker für den Vertrieb aktiv als der Akquisiteur, der vor langer Zeit das Geschäft initiiert hat?

Die aufgeworfenen Fragen zeigen, dass überzeugende Kommunikation für alle Bereiche wichtig ist, die mit Kunden in Beziehung stehen. Vor allem dann, wenn Sie den Begriff Vertrieb sehr weit fassen und die „Marke Ich" mit einschließen. Selbst wenn Sie keine Funktion im Vertrieb haben, können Sie mit dem in diesem Buch dargestellten Ansatz der Praktischen Emotionalen Kompetenz und seinen dazugehörigen Werkzeugen und Techniken arbeiten. Wenn man Vertrieb schon sehr weit fassen kann, so ist der Begriff Kommunikation noch viel umfassender. Ohne Kommunikation passiert nichts in dieser Welt. Verkaufen basiert auf Kommunikation – auch wenn es nur über Angebote und Klicks im Internet ausgeübt wird. In Gesprächen mit Kollegen oder auch Freunden „verkaufen" Sie Ihre Ideen oder Argumente, gegenüber Mitarbeitern „vertreiben" Sie Identifikation und Motivation, ja selbst als Kunde agieren Sie vertrieblich, weil Sie wissen, dass Sie als freundlicher und höflicher Kunde am Marktstand Pfirsiche ohne Dellen und faule Stellen bekommen.

**Was bedeutet Verkaufen?**
Wenn Sie die Welt mit der Brille Ihres Gegenübers betrachten, erfahren Sie am schnellsten, was Ihr Kunde, Mitarbeiter oder Kollege braucht, damit Sie ihn für Ihr Anliegen gewinnen können. Sie kennen das aus den Zaubersprüchen der Kommunikation: Den Kunden dort abholen, wo er steht. Jeder Kunde will doch Sicherheit, hervorragende Leistung und dabei noch Geld sparen. Also fragen Sie ihn danach, dann sind Sie ganz nah bei ihm und holen Sie Ihre ersten „Ja"-Antworten ab – und dann ist Ihr Produkt oft so gut wie verkauft. Wirklich?

Ganz so einfach ist es wohl nicht, sonst gäbe es nicht so viele Bücher über den erfolgreichen Vertrieb. Doch Sie halten hier nicht den x-ten Ratgeber in der Hand. Denn Ratschläge und Tipps helfen Ihnen nur weiter, wenn Sie ganz genau wissen, wie Sie sie in einer konkreten Situation anwenden können. Was heißt dann also, den Kunden abzuholen, wenn er Ihnen schon ungeduldig entgegenkommt und aufgrund der vielen Termine offenbar gar keine Lust auf ein Gespräch mit Ihnen hat. Vertagen? Der weite Weg war also umsonst. Den Unwillen ignorieren, denn der Termin war ja vereinbart – aber wie sieht es da mit Ihren Erfolgsaussichten aus? Sich kurz vorstellen, und dann alle Unterlagen per Mail schicken und irgendwann nachfassen? So reagiert man am liebsten, wenn man selbst auch keine Lust mehr hat.

Dranbleiben, Biss haben, ein Nein nicht akzeptieren, denn „nicht verkauft" gibt es im erfolgreichen Vertrieb ja nicht – was können Sie mit solchen Mantras anfangen? Wenig bis nichts, oder?

### Was bringt Ihnen dieses Buch konkret?

Mit diesem Buch zeigen wir Ihnen, wie Sie sich individuell die zu Ihnen passenden Methoden und Techniken aneignen, die Ihnen in jeder Situation weiterhelfen. Ausgangspunkt für den Ansatz der Praktischen Emotionalen Kompetenz – kurz PEK – ist Wissen. Die theoretischen Grundlagen basieren auf aktuellen Erkenntnissen der Hirnforschung genauso wie auf der langen Tradition der Rhetorik. Wichtig an der theoretischen Basis ist für Sie, dass Sie dadurch ein Fundament erhalten, auf das Sie bauen können, weil Sie es nachvollziehen und verstehen können. Die vorgestellten Techniken und Methoden der Kommunikation fußen auf diesem Fundament, Sie können sich vom Sinn der vorgestellten Regeln also selbst überzeugen.

Sie verstehen, warum es sinnvoll ist, aktiv zuzuhören und weiter zu fragen, auch wenn Sie zunächst davon ausgehen, dass Sie schon längst wissen, was der Kunde sagen will. Das ist eine typische Falle verinnerlichten Verhaltens. Sie hören ein Stichwort und schon springt der innere Autopilot an, der eingefahrene Kommunikations- und Verhaltensweisen automatisch abspult. Sie bringen Ihre Argumente und Produktvorteile an. Doch wer im Vertrieb könnte das nicht? Nur leider passiert eines in diesem Szenario nicht mehr: Sie denken nicht nach und Sie nehmen dadurch auch nicht wahr, was bei Ihren Kunden gerade passiert.

### Pilot und Autopilot

Grund dafür ist in der Tat Ihr Autopilot. Wir könnten unser Leben nicht bewältigen, wenn wir nicht auf automatisierte Abläufe zurückgreifen können – wie beim Autofahren oder wenn Sie die zehnte Terminbestätigung verfassen oder eine Firmenpräsentation halten. Die Abläufe sind dabei immer gleich, denn Sie haben sich durch zahlreiche Wiederholungen und Erfahrungen als Verhaltens- oder Kommunikationsmuster eingebrannt. Beim Autofahren ist es wirklich hilfreich, dass Sie nicht mehr nachdenken müssen, wann Sie einen Gang zurückschalten. Dagegen wird die zum 120-mal abgespulte Firmenpräsentation leicht zur Stolperfalle, wenn Sie Ihren Autopiloten, der das Ganze ohne Ihre bewusste Wahrnehmung und Steuerung abspulen kann, nicht hin und wieder ausbremsen. Denn nur dann können Sie erkennen, ob Ihnen noch alle zuhören, sich langweilen oder interessiert auf weitere Details warten. Wir nennen das Ihren Piloten zu aktivieren.

Als eine zentrale Technik erfahren Sie, wenn Sie zwischen Ihrem bewussten, überlegten Piloten und Ihrem nicht mehr bewussten, automatisierten Autopiloten bewusst wechseln können. Denn erst, wenn Sie eine Gesprächssituation bewusst wahrnehmen, Fragen stellen und die Antworten reflektieren und so auf Ihren Gesprächspartner eingehen, führen Sie das Gespräch sicher und souverän. Ohne kurzes Nachdenken gibt es keine Souveränität! Nur wenn Sie im Kundengespräch bewusst wahrnehmen, nachdenken und agieren, können Sie erkennen, was Ihr Gegenüber anspricht und interessiert. Und das ist Ihre einzig zuverlässige Basis, um ihn zu überzeugen.

Mehr als 90 % aller Entscheidungen sind reine „Bauchentscheidungen". Oft werden Lösungen oder Produkte erst dann mit rationalen Argumenten begründet, wenn man sich längst intuitiv oder aus dem Bauch heraus entschieden hat. Warum das so ist, erfahren Sie in den ersten Kapiteln dieses Buches – und auch, wie Sie optimal agieren, um emotionale Entscheidungen positiv zu beeinflussen. Ist die Motivation für den Kauf oder die Dienstleistung bei Ihrem Kunden emotional gespeist, wünscht er Vertrauen, Status, Kontrolle, Auszeichnung, Anerkennung oder Sicherheit, sind Sie im Gespräch dann erfolgreich, wenn Sie genau das Schlüssel-Motiv Ihres Kunden bedienen. Das gelingt Ihnen nur, wenn Sie sich im Gespräch die Zeit verschaffen, um nachdenkend kurz reflektieren zu können, welche Motive bei Ihrem Kunden gerade wirksam sind, welche seinen Autopiloten emotional steuern. Sie hingegen „schalten" immer wieder in den Pilot-Modus, d. h. Sie überdenken kritische Gesprächssituationen und re-agieren bewusst. Die wichtigste Gesprächstechnik soll an dieser Stelle bereits genannt werden: Die Pause. Ohne Zeit oder Ruhe und gezielte Langsamkeit wird es Ihnen nicht gelingen, über den Gesprächsverlauf und Ihre weitere Gesprächssteuerung zu reflektieren. Sich Zeit zu verschaffen, zu überlegen, Fragen zu stellen, die die Motivation Ihres Kunden deutlich machen – wer diese drei Schritte durch beständiges Üben verinnerlicht hat, beherrscht schon fast die ganze Kunst eines erfolgreichen Vertriebsgesprächs.

**Was erfahren Sie über Körpersprache?**
Zum Gespräch, zur Sprache gehört auch die Körpersprache. Es ist absolut sinnvoll, auf die körperlichen Signale Ihres Gesprächspartners zu achten: Ist er oder sie entspannt, konzentriert bei der Sache oder schweifen seine oder ihre Gedanken oft ab oder Ihr Gesprächspartner wippt gar schon nervös mit einem Bein? Im zweiten Fall ist klar, dass Sie den Kontakt wiederherstellen müssen, bevor Sie Ihren Kunden komplett verlieren. Körpersprache wahrzunehmen und zu interpretieren ist ein wichtiges Werkzeug erfolgreicher Kommunikation.

Umgekehrt ist es allerdings kritisch, wenn Sie versuchen, mit bewusst gesetzten körpersprachlichen Signalen Eindruck zu machen. Eingeübte Gestik und Mimik ist nicht authentisch, wenn Sie von Ihrem inneren Befinden getragen wird!

Das Ziel dieses Buches liegt nicht darin, Ihnen die Rolle eines erfolgreichen Verkaufsexperten mit schauspielerischen Mitteln nahezubringen. Es geht vielmehr darum, Ihre individuellen Kompetenzen zu entwickeln und zu stärken. Wenn Sie innerlich locker und entspannt sind, dann spiegelt das Ihr Körper genauso wie Ihre selbstbewusste Sicherheit. Wenn Sie beides nicht sind, dann hilft Ihnen auch keine antrainierte Gestik, Mimik und Körperhaltung. Diese Fassade bekommt schnell Risse. Denn anders als im Theater hat Ihr Kunde keinen festen Text, keine vorbestimmten Reaktionen. Wenn Sie sich auf Ihre Körpersprache konzentrieren, verlieren Sie den Blick auf Ihren Kunden und Ihre Ziele.

**Warum macht Sie nur konsequentes, kontinuierliches Üben erfolgreich?**
Es gibt viele Arten, ein Gespräch zu eröffnen. Wir beleuchten für Sie alle Facetten von Gesprächen im Vertrieb. Sie erhalten Einblick in Erkenntnisse der Forschung, in Regeln und Erfahrungen. Wissen, Erfahrungen, Regeln und Techniken helfen Ihnen jedoch nur weiter, wenn Sie für sich persönlich wissen, wie Sie diese anwenden – und trainieren können. Der Ansatz der Praktischen Emotionalen Kompetenz PEK macht Sie im Vertrieb erfolgreicher, wenn Sie die zugrunde liegenden Techniken und Methoden immer wieder ausprobieren und üben. Sie werden herausfinden, was gut zu Ihnen passt, wie Sie Ihre Fragen formulieren, um Bedarf, betriebliches Umfeld und Motive Ihres Kunden herauszufinden. Oder mit welchen Fragen und Formulierungen Sie Leistungen und Preis verbinden oder auf Einwände eingehen. Die vorgestellten Techniken, mit Einwände wie „zu teuer" umzugehen, helfen Ihnen erst dann, wenn Sie sich angepasst und in Ihren aktiven Wortschatz übernommen haben. Auswendig gelernte Floskeln und Argumente erkennt inzwischen jeder Kunde. Wenn Sie aus der Masse herausragen wollen, schaffen Sie das nur über Ihre überzeugende Individualität und authentisches Verhalten.

Üben mag langwierig und mühsam klingen. Doch es wird Ihnen gehen wie beim Fahrradfahren – anfangs ist man noch sehr wacklig unterwegs, doch bald klappt es immer besser. Sobald Fortschritte sichtbar werden, verfliegt die Unsicherheit. Was Sie einmal gelernt haben, geht Ihnen in Fleisch und Blut über und Sie können es immer wieder abrufen. Daher lohnt sich die Mühe doppelt, sich auf PEK einzulassen und es sich individuell anzueignen.

Viele begeisterte Seminarteilnehmer haben uns motiviert, das Know-how von PEK in Buchform zu weiterzugeben. Wir wünschen Ihnen damit viel Erfolg und Begeisterung in Ihrer Vertriebstätigkeit.

# Inhaltsverzeichnis

# Über die Autoren

**Dr. Wolfgang Schneiderheinze** promovierter Mathematiker, ist Top 200 Trainer in Deutschland und Buchautor mit dem Fokus „PEK – Praktische Emotionale Kompetenz". Seine Trainingsschwerpunkte liegen in der Entwicklung abrufbarer Echtzeit-Kompetenzen in Kommunikation, Vertrieb und Führung.

Dr. Wolfgang Schneiderheinze sammelte über mehrere Jahre Erfahrung im Management renommierter Dienstleistungs-Unternehmen in den Bereichen Vertrieb, Marketing und Service. Heute arbeitet er als Trainer für Unternehmen unterschiedlicher Branchen und ist auch international tätig. Als Lehrbeauftragter an der Hochschule Darmstadt hält er interaktive Kurse zu situativer Führung und Kommunikation. Für die Frankfurter Kanzlei Schürmann + Kollegen ist er als Mediator aktiv, wenn es darum geht, zu vermitteln und einen Rechtsstreit zu vermeiden oder beizulegen.

**Kontakt:**
wsd@menschenspiegel.de
www.menschenspiegel.de

 **Carmen Zotta** M.A., ist seit vielen Jahren in der beruflichen Weiterbildung und als Autorin tätig. Nach ihrem Studium der Geisteswissenschaften und Betriebswirtschaftslehre war sie zunächst im Personalbereich einer Unternehmensberatung tätig, bevor sie sich den Themenfeldern innovative Lernformen und Kompetenzaufbau widmete. Seit 2010 leitet sie das Competence Center Kredit- und Corporate Finance bei der Frankfurt School of Finance & Management. Ihre Aufgabenschwerpunkte liegen in der Konzeption und Umsetzung praxisorientierter und wirkungsvoller Ausbildungen sowie in Maßnahmen der Transfersicherung.

**Kontakt:**
c.zotta@fs.de

# Wissen: So tickt der Mensch – Pilot und Autopilot

1

▶ **Darum geht es** In diesem Kapitel lernen Sie ein modernes psycholo-
gisches Modell für Verhalten und Persönlichkeit kennen. Dieses Modell
hilft Ihnen, das Verhalten anderer besser zu verstehen und dadurch eine
wirksame Kommunikation aufzubauen. Es arbeitet mit zwei Systemen:
Bewusstes Verhalten im Piloten, unbewusstes im Autopiloten. Anders
als in der Luftfahrt, wo der Pilot den Autopiloten ein- oder ausschaltet,
ist es beim menschlichen Verhalten beinahe umgekehrt: Der Autopilot
reagiert etwa 150.000-mal schneller als der Pilot, mit der Folge, dass wir
weit häufiger im Autopiloten agieren als uns im Nachhinein lieb ist. Im
folgenden Kapitel wird dieses Modell beschrieben und es werden Möglichkeiten diskutiert, wie wir unser Verhalten bewusster steuern können.
Nicht immer, aber immer öfter.

## 1.1 Eine dynamische Sicht auf Verhalten

Stellen Sie sich vor, Sie stehen bei einem wichtigen Kunden kurz vor dem
Abschluss. Sie haben ein gutes Angebot abgegeben, Qualität und Preis stimmen. Seit Monaten sind Sie mit dem Einkaufsleiter und seinem Stellvertreter
in Kontakt, haben an den verschiedensten Feinheiten gefeilt, zusätzliche Serviceleistungen angereichert und Ihr Angebot mit Argumenten und Fakten unter-
mauert. Sie sind sicher, heute die Unterschrift unter den Vertrag zu bekommen.
Doch alles kommt anders. Mitten im Gespräch macht Ihr Gegenüber einen Rück-
zieher – und Sie verstehen nicht warum. Alle Argumente sind ausgetauscht, der
Preis ausgehandelt, die Umsetzung in den Details besprochen und optimiert. Der

© Springer Fachmedien Wiesbaden GmbH 2017
W. Schneiderheinze und C. Zotta, *Überzeugen 4.0*,
DOI 10.1007/978-3-658-16291-7_1

Verkaufsleiter zieht sich zurück, schließlich ginge es um eine riesige Investition und mit der alten Lösung sei man doch eigentlich bisher immer gut gefahren. Aus heiterem Himmel kommt eine unerklärliche späte Absage. Was ist passiert? Wenn neue Umstände, zum Beispiel eine veränderte wirtschaftliche Situation, die Investitionen unmöglich machen – warum legt Ihr Kunde die Karten nicht auf den Tisch? Kann es möglich sein, dass Ihre Daten, Fakten und Argumente nicht ausschlaggebend sind, Ihr Kunde vielmehr andere Bedürfnisse hat, denen Sie nicht adäquat begegnet sind? Oder haben Sie im Gesprächsverlauf einen Fehler gemacht, der den Vertragsabschluss zum Kippen brachte?

Trotz runder Argumentation, perfekt eingehaltenen Gesprächsleitfäden, umfangreichen Gesprächsvorbereitungen oder dem preislichen Aushebeln der Konkurrenz schlagen Kunden Angebote aus oder entscheiden sich für ein teureres zweites Angebot. Umgekehrt verzichten andere Kunden wiederum auf lange Ausführungen und Preisdiskussionen, entscheiden beim zweiten Termin, ohne alle Details zu besprechen, dass Sie ins Geschäft kommen. Wieder andere Kunden entscheiden erst, nachdem Sie auch Dinge zur Sprache gebracht haben, die Sie eher als unwichtig einstufen, zum Beispiel, dass Ihr Unternehmen regelmäßig repräsentative Kundenbefragungen durchführt oder dass die Fluktuationsrate Ihres Unternehmens nur halb so hoch ist wie im Durchschnitt Ihrer Branche.

An diesen kurz aufgeführten Episoden merkten Sie bereits, dass es wenig Sinn hat, jeden Kunden, in jeder Situation auf die gleiche Weise anzusprechen. Argumentationsleitfäden funktionieren vielleicht beim ersten Gespräch, wenn ein Kunde – möglicherweise – erwartet, dass Sie ihm als Verkäufer Ihre besten Argumente und Versprechen liefern. Doch Ihre Mitbewerber sind zumeist ebenso gut vorbereitet. Argumente und Versprechen können eine Grundlage schaffen – aber keinen Vorsprung! Außerdem, was macht Sie so sicher, dass Ihr Kunde im Erstgespräch schon Verkaufsargumente hören will? Deshalb erreichen Sie einen Vorteil nur, wenn Sie schneller als andere wissen, was Ihrem Kunden im Erstgespräch wirklich wichtig ist und wie er gerade „tickt".

Deshalb sagt Ihnen kein Drehbuch, kein Gesprächsleitfaden und eine Argumentationskette, wann die Zeit reif ist für Argumente, wann Sie dann zum konkreten Angebot, vom Angebot zur Preisverhandlung und von dieser zur Entscheidung weitergehen können. In einem Fall gelingt Ihnen das mit großer Leichtigkeit, bei einem anderen Kunden gehen Wochen ins Land, bis der Vertrag unter Dach und Fach ist. Dass es zwischen einzelnen Kundensituationen erhebliche Unterschiede gibt, wissen Sie längst aus eigener Erfahrung. Doch wissen Sie auch, wann Sie einen Kunden wie angehen müssen, um zum Ziel zu kommen? Können Sie anhand Ihrer Menschenkenntnis in jeder Situation sagen, ob Ihr Kunde Zeit braucht oder ob Sie auf eine Entscheidung drängen können? Können Sie sich auf Ihr Bauchgefühl wirklich verlassen?

## 1.2   Beeinflussen Sie Verhalten und Entscheidungen mit PEK

In diesem Buch stellen wir Ihnen den Ansatz der Praktischen Emotionalen Kompetenz (PEK) vor. Damit erlangen Sie Ihr individuelles Handwerkszeug, um Ihre Menschenkenntnis und Ihre Erfahrungen zu systematisieren und bewusst einzusetzen. Zunächst, um zu erkennen, was ein Verhalten auslöst und wie Entscheidungen getroffen werden. Doch dieses Buch liefert Ihnen darüber hinaus einen Schlüssel, mit dem Sie die zuvor beschriebenen Situationen wesentlich besser bewältigen können. Einen Schlüssel, mit dem Sie Verhalten und Entscheidungen nicht nur verstehen, sondern auch in legitimem Maße beeinflussen können! Das schaffen Sie dauerhaft weder mit ausgefeilten – und damit starren – Verkaufsstrategien noch mit bloßem Bauchgefühl.

**Was ist Praktische Emotionale Kompetenz (PEK)?**
Wir verhalten uns nur zu fünf bis zehn Prozent bewusst oder bildlich ausgedrückt im „Piloten". Unsere Gewohnheiten und Routinen, bildlich „Autopilot" genannt, ist für die restlichen 90–95 % unseres Tuns verantwortlich. Denken kostet Zeit. Im Vergleich zum Piloten ist der Autopilot etwa 150.000-mal schneller. Das erklärt, warum der Autopilot, warum unsere Bauchentscheidungen, unser Verhalten so deutlich dominieren.
Der Kommunikationsansatz PEK nutzt aktuelle Erkenntnisse und Modelle der Psychologie, und macht Verhalten und die jeweils zugehörigen Programme von Pilot und Autopilot transparent. Er liefert darüber hinaus Werkzeuge und Wegweiser, die es ermöglichen, Pilot und Autopilot bewusst zu aktivieren und gezielt anzusprechen.

PEK versetzt Sie in die Lage, auch in Ihnen kritisch erscheinenden Situationen kühlen Kopf zu behalten und zu agieren, statt in Stress zu geraten und emotional zu reagieren. Dazu ist wichtig zu verstehen, wie der Mensch tickt. Eine Frage, die die Menschheit schon lange beschäftigt.
Seit 1758 nennen wir uns nach Carl von Linné Homo sapiens, lateinisch für verstehender, verständiger bzw. weiser, gescheiter, kluger, vernünftiger Mensch bezeichnet. Doch Hand aufs Herz, wie oft treffen wir im Alltag auf einen Homo sapiens in diesem Sinne? Wie oft trifft diese Beschreibung auf unser eigenes Verhalten zu?

Eine tief greifende Analyse unseres Alltagsverhaltens liefert Daniel Kahnemans Bestseller „Schnelles Denken, langsames Denken" (2012). Er beschreibt darin zwei unterschiedliche Systeme, den bewussten Piloten und den unbewussten Autopiloten. Der rationale Pilot, der Homo sapiens in uns, bestimmt fünf bis zehn Prozent unseres Verhaltens. Der Autopilot mit unseren Gewohnheiten und Routinen ist für die restlichen 90–95 % unseres Tuns verantwortlich.

Wie entsteht diese Diskrepanz? Nun, denken kostet Zeit! Im Vergleich zum emotional reagierenden Autopiloten ist unser Denken, die Haupttätigkeit unseres Piloten etwa 150.000-mal langsamer. Das erklärt, warum der Autopilot, warum unsere Bauchentscheidungen, unser Verhalten zu über 90 % dominieren.

Im Folgenden zeigen wir Ihnen, wie Sie in Zukunft nicht mehr zufällig oder mit Glück im Piloten agieren. Oder wie Sie, in Abwandlung eines Sprichwortes, schon klüger sind, bevor Sie ins Rathaus gehen.

## 1.3    Unser Pilot braucht Zeit und Zeit braucht Technik

Warum also tun wir uns so schwer, unseren Verstand zu benutzen? Nun, unser Autopilot ist simpel und effizient konstruiert. Beginnen wir mit einer als gefährlich erlebten Situation. Die Bewertung „gefährlich" erfolgt in dem Teil des Gehirns, der als Amygdala oder zu Deutsch Mandelkern genannt wird. Die Amygdala wirkt als „Panikschalter" und sorgt für die Ausschüttung von Cortisol. Diese Stressreaktion bewirkt die Beschleunigung von Herzschlag und Blutdruck, sowie eine stärkere Durchblutung von Armen und Beinen. Wir sind körperlich bereit zu kämpfen oder zu flüchten. Welche Option zum Tragen kommt, entscheidet sich im Zusammenspiel von limbischem System und Neocortex, lange bevor uns das bewusst wird. Natürlich gelten „gefährlich" und „kämpfen oder flüchten" im Alltag nur im übertragenen Sinne: Wir reagieren aktiv dominant oder passiv vorsichtig, in Abhängigkeit unserer im limbischen System und Neocortex im Laufe des Lebens „hinterlegten" Bewertungsmaßstäbe.

Je heftiger wir reagieren, desto stärker ist das Signal an die Amygdala, noch mehr Cortisol ausschütten zu lassen. Stressreaktionen verstärken sich selbst, es kommt zu einer regelrechten Stressspirale. Im Sport etwa treibt uns das zu Höchstleistungen. Wenn wir dabei die Regeln einhalten! Wer beim 100-Meter-Lauf in die falsche Richtung läuft, kann noch so schnell sein, es nützt ihm nichts.

Nicht anders ist es im Alltag. Dort besteht, wer das Richtige richtig tut. Wer das Falsche noch besser macht verliert. Anders als im Sport sind die Regeln unseres beruflichen und privaten Alltags selten transparent. Wir müssen sie klären(!) – im

Piloten. Doch unser Autopilot „weiß" das nicht. Das Einschalten unseres Piloten müssen wir lernen und trainieren.

Bevor wir dazu kommen, betrachten wir nun die zweite Schalterstellung der Amygdala. Wird eine Situation nicht als „gefährlich" eingestuft, geht es um „interessant" oder „uninteressant". Auch hier entscheidet sich im Neocortex, wie und wie stark wir darauf reagieren, auch hier gemäß unserer „hinterlegten" Bewertungsmaßstäbe. Auch hier gilt, je intensiver, vielleicht euphorischer unser Interesse, je mehr Botenstoffe werden ausgeschüttet und verstärken Freude und Glücksgefühle. So erklären sich Schillers „dem Glücklichen schlägt keine Stunde" oder der erste Teil des polnischen Sprichworts „Das Glück nimmt den Verstand, das Unglück bringt ihn wieder." Der zweite Teil stimmt, wie wir zuvor gesehen haben, nicht immer.

Wenn man diese Mechanismen versteht, wird schnell klar, dass weder Stress noch Euphorie vermeidbar sind. Es sind unsere natürlichen Reaktionen auf bestimmte Umwelteindrücke! Doch wir können lernen und trainieren, Stress- oder Euphoriespiralen zu stoppen. Gelingt uns das, ebbt die Ausschüttung von Hormonen und Botenstoffen automatisch ab. Der Panik- und Euphorieschalter Amygdala wird nicht weiter gereizt. Unser Autopilot verliert seine Energie, wir können unser Verhalten kontrollieren und dem Piloten die Zeit zum „Einschalten" verschaffen.

Warum ist das so wichtig, nicht nur im Vertrieb? Unser Autopilot ist auf sofortige Reaktion programmiert: Nach 0,1 ms, maximal einer Millisekunde, kommt hierfür der erste Impuls. Das war Hunderttausende von Jahren überlebenswichtig. Jeder Zeitverlust beim Abwägen der Optionen Kampf oder Flucht war lebensgefährlich. In unserer modernen, zivilisierten Welt ist gerade diese impulsive Reaktion oft kontraproduktiv – sie kann passen oder eben nicht.

Damit wir nicht immer erst im Nachhinein feststellen, was richtig war, müssen wir lernen, den langsamen Piloten, unser Klärungsprogramm zu aktivieren. Nur so haben wir die Chance, eine Situation bewusst zu reflektieren und rational zu bewerten. Doch unser Pilot braucht mindestens 15 s (das 150.000-fache von 0,1 ms), im Zweifel auch zweieinhalb Minuten (1 ms mal 150.000), um eine Situation bewusst zu erfassen und zu reflektieren. Das „Einschalten" des Piloten braucht also Zeit. Zeit, die wir uns, wie wir bereits wissen, mit der richtigen Technik verschaffen können!

▶    Drei bis vier Sekunden Schweigen werden vom Umfeld akzeptiert. Diese Zeitspanne wirkt weder unsicher noch wird sie als drückend empfunden. Lernen Sie stoisch zu schweigen, d. h. die emotionalen Signale

Ihrer Amygdala auszublenden. Nehmen Sie die Impulse zur Kenntnis wie ein Außenstehender. Nicht umsonst sagt der Volksmund, dass der erste Gedanke der beste sei. Und der kommt frühestens nach 15 s! Nach etwa fünf bis sechs Sekunden wirkt Schweigen drückend oder wird als Verlegenheit interpretiert. Um Ihrem Piloten die Chance zu geben, sich ein Bild zu machen, brauchen Sie Gesprächstechniken, die Ihnen helfen, sich zu äußern ohne etwas zu sagen.

**Sechs Techniken zum Aktivieren des Piloten**
Die folgenden Techniken sind Optionen. Die Reihenfolge der Aufzählung bedeutet nicht, dass Sie eine nach der anderen abarbeiten müssen. Probieren Sie einfach aus, hören Sie auf Ihren Bauch.

1. **Kurzer irrelevanter Kommentar:** Ein „Aha" zum Beispiel signalisiert, dass Sie die Botschaft oder Frage Ihres Gegenübers zur Kenntnis nehmen. Sie signalisieren damit weder Zustimmung noch Ablehnung. Sie reagieren neutral und halten sich alle Optionen offen. Da Sie reagiert haben, werden wieder drei bis vier Sekunden Schweigen akzeptiert. Statt Aha können Sie auch wertfrei „okay" sagen, die inzwischen weitgehend eingedeutschte Form von „ich habe Dich gehört". Auch das in allen Kulturen verstandene „Hmh" (oder wie immer man das schreiben mag) erfüllt seinen Zweck. Sie sagen etwas, ohne etwas zu sagen und gewinnen Zeit. Sobald Ihnen diese Technik durch üben in „Fleisch und Blut" übergegangen ist, verschaffen Sie Ihrem Piloten mindestens sechs bis acht, wenn nicht gar 12 bis 16 s Zeit – dann nämlich, wenn Sie Aha … okay … hmh hintereinander „sprechen".
2. **Verbalisieren:** Hierbei sagen Sie auch ganz neutral die Wahrheit, „jetzt bin ich überrascht" oder „damit erwischen Sie mich auf dem falschen Fuß". Auch damit gewinnen Sie Zeit. Wenn Ihr Gegenüber Ihnen das als Schwäche auslegt, wird sein Autopilot vielleicht sogar leitfertig. Da Sie weiter stoisch Ruhe bewahren, können Sie das sogar zu Ihrem Vorteil nutzen. Weitere Gefühle, etwa Enttäuschung oder Verärgerung sollten Sie so lange nicht beachten, wie Ihr Pilot sich kein klares, rationales Bild gemacht hat. Alternativ zur Überraschung können Sie auch loben. Etwa „das ist eine gute Frage" oder „das ist ein wichtiger Punkt". Auch ein „für diese offenen Worte bin ich Ihnen dankbar" verschafft Ihnen Zeit. Außerdem, jedes Lob adressiert das Stimulanzprogramm und entspannt die Gesprächsatmosphäre. Und Sie haben wieder drei bis vier Sekunden gewonnen, in denen sich Ihr Pilot sammeln kann.

3. **Wiederholung erbitten oder selbst wiederholen:** Nicht selten tun uns unsere Mitmenschen den Gefallen, sich weitschweifig, wortreich oder kompliziert auszudrücken. Was erscheint also legitimer, als höflich, um eine Wiederholung zu bitten? Selbst, wenn Sie verstanden haben, die Bitte, „ich bin nicht sicher, ob ich Sie richtig verstanden habe, können Sie Ihren Vorschlag (Ihre Frage) bitte noch einmal wiederholen?", kann Ihnen kaum abgeschlagen werden. Genauso wenig wie ein „dieser Punkt ist mir sehr wichtig und ich möchte sichergehen, Sie richtig verstanden zu haben. Können Sie ihn bitte noch einmal wiederholen?". Falls Ihr Gesprächspartner sich kurzfasst, und Sie dabei nicht massiv angreift, dann wiederholen Sie seine Aussage. Etwa: „Okay, ... Sie sind anderer Meinung. ... Dann lassen Sie uns jetzt darüber sprechen." Bei einem direkten Angriff, zum Beispiel, „Das ist völliger Unsinn", reagiert Ihre Amygdala naturgemäß heftig. Gerade deshalb hilft hier das stoische Anwenden von Technik! Ein „Aha ... Sie können hier keinen Sinn erkennen ... okay." wird Ihnen erst nach einiger Übung unverkrampft von den Lippen gehen. Doch schließlich macht nur Übung den Meister.

   Spätestens das letzte Beispiel zeigt, dass Sie nicht nur verschiedene Techniken zum Zeitgewinn verinnerlichen müssen. Sie brauchen auch Techniken, die den „Spieß umdrehen", die Ihnen die Initiative bringen. Die erhalten Sie jetzt.

4. **Ganz „simple" Fragen:** Das Adjektiv simpel soll hier lediglich ausdrücken, dass diese Fragen möglichst universell einsetzbar sind. Wie zum Beispiel „Was heißt das (in diesem Zusammenhang) konkret?", „Was genau erwarten Sie (jetzt) von mir?", „Was schlagen Sie vor?", „Was wäre eine Alternative?", „Was haben Sie schon unternommen?" oder „Was vermissen Sie?". Jede dieser offenen Fragen ist legitim und frei von Provokation, vorausgesetzt Sie bleiben emotionsarm im Ton. Die Amygdala Ihres Gegenübers schaltet nicht auf Gefahr, und Nachdenken über eine Antwort ist die wahrscheinlichste Reaktion. Selbst wenn aus dem Autopiloten eine spontane Antwort kommt, fragen Sie einfach weiter! Wenn der Pilot Ihres Gesprächspartners anspringt und Zeit für eine Antwort braucht, haben Sie endgültig die Zeit gewonnen, um die Situation bewusst und rational zu reflektieren. Ist Ihnen aufgefallen, dass alle Fragen mit „Was" beginnen? Nun, „was" ist das offenste Fragewort. Es schränkt die Antwortmöglichkeiten nicht ein und klingt auch nicht entfernt nach Aufforderung zur Rechtfertigung. Das unterscheidet „was" von „wie" oder „warum"!

   Die folgende Technik arbeitet ähnlich wie die vorige, erfordert allerdings gerade am Anfang mehr Überwindung. Denn Sie müssen gegen die starken Impulse Ihres Autopiloten handeln. Sie werden gleich verstehen warum.

5. **Entleeren:** Diese Technik eignet sich sehr gut bei Kritik, Beschwerden, Vorwürfen, kritischen Fragen oder guten Ratschlägen. Statt sofort darauf einzugehen oder ganz „simpel" zu fragen, bitten Sie um mehr Input. Mehr von dem, was Ihr Autopilot nicht hören will! Doch mit etwas Übung wird das zu einer ausgesprochen wirksamen und effizienten Technik: Für Zeitgewinn, für den Erhalt nützlicher Informationen – und vor allem für die Übernahme der Initiative im Gespräch! Wenn Sie mit einer höflichen Frage „um mehr" bitten, etwa „Danke, dass Sie das so offen ansprechen. Mir ist dieses Thema (auch) sehr wichtig. Haben Sie in diesem Zusammenhang noch weiter Punkte (Ideen, Vorschläge, Tipps, ...)?", muss Ihr Gegenüber Farbe bekennen. Entweder hat er noch weitere Punkte, dann können Sie sich aussuchen, worauf Sie eingehen. Natürlich können Sie ihn auch weiter beschäftigen. Zum Beispiel mit der Frage „über welchen Ihrer Gedanken sollten wir aus Ihrer Sicht zuerst sprechen?". Die Antwort erfordert in der Regel Nachdenken und gibt Ihnen somit zusätzliche Zeit. Vor allem, die Chancen auf ein Gespräch von Pilot zu Pilot steigen weiter. Nicht selten ist Ihr Gesprächspartner allerdings von Ihrer Entleerungsfrage überrascht. Dann wird er entweder versöhnlich, defensiv antworten „Nein, es geht ausschließlich um ..." oder schnippisch, offensiv reagieren mit „Wieso, das reicht doch wohl?!". Dann können Sie das Gespräch zum Beispiel ruhig und souverän fortsetzen mit „Okay, dann lassen Sie uns heute auf diesen spezifischen Punkt eingehen". Gerade Kritik, Beschwerden oder Besserwisserei wird so „optisch kleiner", also relativiert. Sinngemäß können Sie auch allgemeine Aussagen in dem Sinne „entleeren", dass Sie klären, ob etwas und wenn ja was, konkret dahinter steckt. Etwa mit „Ich bin mir hierbei noch sehr unsicher. Haben Sie vielleicht ein Beispiel für mich?"

Durch die hier beschriebenen Techniken gewinnen Sie bequem und unauffällig mindestens 30 s, meist sogar mehr als zwei Minuten. Falls Sie danach immer noch unschlüssig sind, ob oder wie Sie reagieren sollen, dann reagieren Sie nicht! Auch im Alltag gilt: Sie haben das Recht zu schweigen. Wenn Sie etwas sagen, kann das allerdings gegen Sie verwendet werden. Statt wie bei Gericht, die Aussage zu verweigern, tun Sie im zivilen Leben etwas, was Ihnen niemand ernsthaft abschlagen kann.

6. **Vertagen:** Je nach Situation bieten Sie einen Rückruf (passt gut am Telefon) oder die Fortsetzung des Gespräches zu einem späteren Zeitpunkt an. Wenn es sinnvoll ist, dann schlagen Sie eine Antwort per E-Mail vor. Gerade in kritischen Gesprächen, zum Beispiel im Verkauf oder bei Verhandlungen, ist es wichtig, nichts zu sagen oder zu tun, was Sie nicht mehr zurücknehmen können! Gerade Verkäufer machen aus falscher Scham häufig Zusagen, die im Nachhinein viel Ärger, Aufwand oder hohe Kosten verursachen.

Jetzt kennen Sie Regeln und Werkzeuge, mit denen Sie vorschnelle, emotionale Reaktionen vermeiden können. Doch dieses Wissen hilft Ihnen nur, wenn Sie daraus durch gezieltes und beständiges Üben, Kompetenzen entwickeln! Kompetenzen sind nämlich nichts anderes, als „in Fleisch und Blut" übergegangene Fähigkeiten. Fähigkeiten, die wir automatisch, ohne jedes Nachdenken abrufen können. Etwa wie Schwimmen oder Rad fahren. Dies sind zwei einfache Beispiele dafür, dass wir unseren Autopiloten sehr wohl selbst programmieren können – durch beständiges und hartnäckiges Training! Wer schwimmen kann, überlegt nicht, wenn er ins Wasser fällt. Er schwimmt automatisch. Und wer die zuvor genannten Regeln und Techniken durch Training verinnerlicht hat, der rechtfertigt sich nicht, wenn sein Angebot kritisiert wird – er reagiert souverän mit „okay … was darf ich für Sie ändern?".

Doch das Aneignen von Praktischer Emotionaler Kompetenz bringt Ihnen weit mehr als eloquente Schlagfertigkeit. Mit PEK schärfen Sie Ihre Beobachtungsgabe, nehmen Aussagen von Kunden, Mitarbeitern oder Geschäftspartnern differenzierter wahr und öffnen Ihren Blick für ein ganzheitliches Verständnis von Gestik, Mimik und Körpersprache. Damit erhalten Sie Anhaltspunkte, die es Ihnen ermöglichen, Beweggründe und Motive, die Verhalten und Kommunikation beeinflussen, zu „entschlüsseln". Mit diesem Wissen können Sie auf Ihr Gegenüber besser eingehen und ihm genau das bieten, was er bzw. sie in dieser Situation braucht. Das hat nichts mit Manipulation zu tun, sondern mit klassischer Rhetorik, der in der Einführung beschriebenen Kunst des Überzeugens.

Sie lernen zugleich, Ihr „Bauchgefühl" rational zu entschlüsseln und mit einfachen Werkzeugen daraus einen Nutzen für Ihren (Berufs-)Alltag zu ziehen. Sie tun dies, indem Sie aus dem beobachtbaren Verhalten und Äußerungen Ihres Gegenübers, die dahinter liegenden Ursachen für Verhalten erkennen. Den Schlüssel dafür liefern wir Ihnen jetzt.

## 1.4    Vier Programme, die unser Verhalten bestimmen

Damit Sie das hier vorgestellte Verhaltensmodell noch umfassender und effektiver praktisch nutzen können, verfeinern wir das bisher beschriebene Modell. Wir stützen uns dabei auf die Erkenntnisse aus Hans-Georg Häusels Buch „Brain View" (2008). Er erklärt dort unser unbewusstes Verhalten mittels dreier Programme des limbischen Systems: Dominanz, Stimulanz und Balance. Welches Programm verhaltensrelevant wird, ergibt sich aus unserer subjektiven Wahrnehmung und unbewussten Bewertung des Umfelds. Die Übertragung dieses Ansatzes auf Kahnemans Ergebnisse liefert ein griffiges Modell unseres Autopiloten, mit drei unbewussten, im Laufe unseres Lebens entstandenen Programmen. Diese drei Programme und die ihnen jeweils zugrunde liegenden Regeln werden in diesem Abschnitt eingehend beschrieben.

Doch auch unser bewusstes Verhalten gestalten wir nicht völlig frei. Wir setzen dabei, bewusst oder unbewusst, für uns sinnvolle und bewährte Regeln um. Diese bilden unser viertes Programm, bestehend aus unseren Denkmustern und aus unseren Routinen für Hinterfragen und Prüfen. Wir nennen es deshalb Klärung. Im Piloten reflektieren und bewerten wir Informationen und Alternativen bewusst – wir klären eine Situation. Doch Denken kostet Zeit. Im Vergleich zum Autopilot braucht der Pilot etwa das 150.000-fache an Zeit. Das erklärt, warum der Autopilot, warum unsere Bauchentscheidungen, unser Verhalten zu über 90 % dominieren.

Wie können Sie sich nun die vier Verhaltensprogramme vorstellen? Wichtig für das Verständnis der Übersicht in Tab. 1.1: Alle vier Programme sind bei jedem Menschen „vorinstalliert"! Wie und in welchem Umfang sie genutzt werden, macht die Persönlichkeit eines Menschen aus. Es zeigt zudem, welche individuellen Potenziale schon genutzt werden und welche noch brachliegen. Die Tabelle hilft Ihnen auch dabei, ein Programm im Verhalten wieder zu erkennen. Außerdem können Sie Verhalten und dessen jeweilige Motive besser verstehen und richtig einordnen.

Tab. 1.1 gibt unter „beobachtbares Verhalten" eine äußerliche Beschreibung der vier Verhaltensprogramme und ist damit wichtig für das Erkennen, Zuordnen und Verstehen von Verhalten. Unter „Credo" ist die Grundhaltung eines Menschen im jeweiligen Programm zusammengefasst. Die den Programmen jeweils zugeordneten Grundmotive und Grundängste führte McClelland (1961) für das unbewusste Verhalten ein (der Begriff Autopilot entstand erst später). Sie sind bei jedem Menschen latent vorhanden und wirksam – und damit ansprechbar.

Das Grundmotiv Information mit der korrespondierenden Grundangst einer (unliebsamen) Überraschung ist unsere logische Erweiterung der Idee von McClelland (1961). Doch anders als bei den limbischen Grundmotiven und -ängsten ist uns das im Klärungsprogramm durchaus bewusst.

**Tab. 1.1** So ticken die Programme

| Programm | Beobachtbares Verhalten | Credo | Grundmotiv im Kontext von … | Grundangst im Kontext von … |
|---|---|---|---|---|
| Dominanz | Pragmatisch, handelnd, ergebnis- und zielorientiert | Ich weiß was ich will und was ich dafür tun muss! | **Macht**<br>Status, Autonomie, Einfluss, Kontrolle, Autorität, Elan, Intensität, Leidenschaft | **Ohnmacht**<br>Autoritätslosigkeit, Schwäche, Einflusslosigkeit, Handlungsunfähigkeit, Kontrollverlust |
| Stimulanz | Optimistisch, unbeschwert, neugierig, kreativ | Ich suche Anerkennung und positive Interaktion | **Anerkennung**<br>Lob, Beifall, Bekanntheit, Beliebtheit, Bevorzugung, Aufwertung, Aufstieg, Erfolg | **Blamage**<br>Misslingen, Abfuhr, Reinfall, Versagen, Bloßstellung, Kränkung, Pech, Panne |
| Balance | Sanftmütig, einfühlsam, hilfsbereit, vorsichtig, bewahrend | Ich suche Einklang und Sicherheit in meiner Umgebung | **Zugehörigkeit**<br>Dabei sein, akzeptiert sein, teilhaben, miterleben, sich einlassen, einfühlen, hineinversetzen, | **Wertlosigkeit**<br>Entbehrlich, allein, isoliert, unbeliebt, überflüssig, ungeeignet, minderwertig, nicht erwähnenswert |
| Klärung | Nachdenklich, analytisch, logisch, kritisch, hinterfragend, problemorientiert | Bevor ich handle, will ich alles klären und verstehen | **Information**<br>Auskunft, Antwort, Definition, Auslegung, Erläuterung, exakt, messbar, prüfbar, nachvollziehbar | **Überraschung (unliebsam)**<br>Überrumpelung, Fehler, offene Fragen, Missverständnis, ungenau, uninformiert, unklar |

Abb. 1.1 zeigt Ihnen das Spektrum menschlichen Verhaltens wie eine Land-
karte oder ein Wegweiser. Dieses Verhaltensmodell aus Autopilot und Pilot mit
seinen Programmen und den ihnen zugrunde liegenden Regeln und Werten erklärt
Persönlichkeit flexibel. Diese manifestiert sich hier darin, welche Regeln wir in
welchen Situationen bevorzugt anwenden. Diese Präferenzen entwickeln wir im
Laufe unseres Lebens durch Erziehung, Bildung und Erfahrung. Das Anwenden
von Regeln ist nicht nur eine Sache des Wollens, sondern vor allem des Könnens.
Eine Regel mag uns noch so sympathisch sein, ohne die Fähigkeit, sie erfolgreich
anzuwenden, werden wir sie verwerfen – bewusst oder unbewusst.

Dies ist der Hauptgrund, warum Ermahnungen oder gute Ratschläge wenig
bewirken. Denn diese bleiben im nur dem Piloten zugänglichen deklarativen Langzeitgedächtnis. Für Kommunikation in Echtzeit brauchen wir aber verinnerlichte
Regeln und Techniken, die uns in Fleisch und Blut übergegangen sind. Doch neue
Regeln nehmen wir – bewusst oder unbewusst – nur an, wenn wir die Fähigkeit
spüren, diese auch umzusetzen. Erst dann fangen wir an, diese zu üben und in
unseren Alltag zu integrieren. Übung macht also nicht nur den Meister, sondern ist
vor allem die Grundlage für Verhaltensänderung und Persönlichkeitsentwicklung.

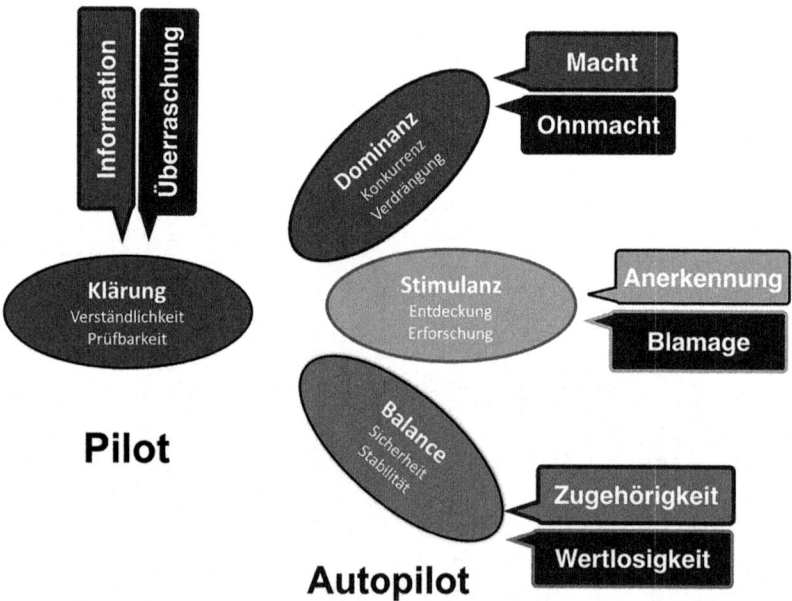

**Abb. 1.1** Pilot und Autopilot: Grundmotive und Grundängste

Wissensvermittlung ist somit in diesem Buch nur der erste Schritt. Denn Wissen ist nur dann wertvoll, wenn Sie die daraus resultierenden neuen Regeln für sich akzeptieren und motiviert sind oder werden, um die Fähigkeiten zur Umsetzung durch Übung und Wiederholung zu verinnerlichen.

Mit diesem Buch wollen wir Sie befähigen, sich in Ihr Gegenüber hineinzuversetzen – ohne dessen Persönlichkeit genauer zu kennen. Darauf aufbauend lernen Sie, Ihre Gesprächsführung bewusst und zielführend zu gestalten. Dies macht Sie flexibler und handlungsfähiger bei Erstgesprächen oder bei konfliktträchtigen Zusammentreffen.

Nachdem wir nun wissen, wie sich Verhalten in den vier Programmen zeigt und was es antreibt, können wir uns jetzt den „Befehlen" dieser Programme zuwenden, den Regeln, nach denen sie arbeiten. Mit dieser Idee machte Häusel (2008) Verhalten im Autopilot transparent, nachvollziehbar – und damit auch durchaus vorhersehbar! Auch hier haben wir Häusels Idee auf das Programm Klärung im Piloten erweitert.

Um Ihnen eine gute Übersicht zu geben, haben wir die Regeln und Beispiele („geflügelte Worte") in Tab. 1.2 zusammengefasst. In der Spalte „Regeln" finden Sie für jedes Programm eine typische, meist unbewusste Handlungsmaxime. Wer danach handelt, ist mit sich im Reinen. Legitimiert werden die Handlungsanweisungen in jedem Programm durch jeweils passende, tief in unserer Kultur verwurzelte geflügelten Worte. Diese zitieren wir nicht selten als Begründung oder Rechtfertigung, falls unser Verhalten kritisch gesehen wird.

Wie geht es Ihnen damit? Sind Ihnen die Programme unterschiedlich sympathisch? Oder lehnen Sie gar ein Programm völlig ab? Das ist durchaus nachvollziehbar und völlig normal! Aus der Sicht jedes einzelnen Programms werden die jeweils anderen drei skeptisch gesehen oder sogar strikt abgelehnt. Das gilt ganz besonders für die Programme Balance und Dominanz, die zu nahezu diametral entgegengesetzten Entscheidungs-, Verhaltens- und Bewertungsmustern führen.

So beklagen beispielsweise die einen, dass Deutschland zunehmend eine rein materiell orientierte Ellenbogengesellschaft sei, während andere hier einen ausufernden Wohlfahrtsstaat kritisieren, in dem Leistung sich weder lohnt noch anerkannt wird.

Welcher Meinung wir uns anschließen, hängt mit dem Programm zusammen, aus dem heraus wir eine reale Situation betrachten oder besser, welches Programm beim Betrachten aktiviert wird. Letzteres geschieht nicht zufällig, sondern unter dem Einfluss unserer Wertvorstellungen, unserer Erziehung und Ausbildung, unserer Erfahrungen – und auch unserer Vorurteile. Auch unsere Rolle, genauer unser Rollenverständnis – als Mutter oder Vater, Mitarbeiter, Chefin oder Kollege, Verkäuferin oder Kunde –, hat erheblichen Einfluss darauf, welches Programm wann aktiviert wird. So trennen wir gern „Berufliches" und „Privates" und

**Tab. 1.2**  Die unbewussten Regeln der Programme und ihre rechtfertigenden Geflügelten Worte

| Programm | Regeln | Geflügelte Worte |
|---|---|---|
| Dominanz | Setze dich durch!<br>Strebe nach oben!<br>Sei besser als andere!<br>Vergrößere deine Macht!<br>Erweitere dein Territorium!<br>Erhalte deine Autonomie!<br>Sei aktiv! | Zeit ist Geld!<br>Der Zweck heiligt die Mittel!<br>Macht bekommt man nicht, Macht nimmt man sich!<br>Schmiede das Eisen, solange es heiß ist!<br>Wie du mir, so ich dir!<br>Viele Köche verderben den Brei!<br>Was geht mich mein Geschwätz von gestern an! |
| Stimulanz | Suche neue, unbekannte Reize!<br>Brich aus dem Gewohnten aus!<br>Entdecke und erkunde deine Umwelt!<br>Suche nach Belohnung!<br>Vermeide Langeweile!<br>Sei anders als die anderen! | Neues Spiel – neues Glück!<br>Tue Gutes und rede darüber!<br>Komm ich heut nicht, komm ich morgen!<br>Was ich nicht weiß, macht mich nicht heiß!<br>Es wird nichts so heiß gegessen, wie es gekocht wird!<br>Dem Glücklichen schlägt keine Stunde! |
| Balance | Vermeide Gefahr!<br>Vermeide Veränderung!<br>Stelle Sicherheit über Gewinn!<br>Entwickle Gewohnheiten und behalte sie bei!<br>Strebe nach innerer und äußerer Stabilität<br>Bemühe dich um Harmonie!<br>Nimm Rücksicht auf andere!<br>Sei hilfsbereit! | Schuster bleib bei deinem Leisten!<br>Was lange währt, wird endlich gut!<br>Vorsicht ist die Mutter der Porzellankiste!<br>Wer andern eine Grube gräbt, fällt selbst hinein!<br>Wer Wind sät, wird Sturm ernten!<br>Übermut tut selten gut!<br>Zeit ist kostbar! |
| Klärung | Es zählen Zahlen, Daten, Fakten!<br>Erfolg resultiert aus exakter Planung!<br>Fehler sind die Folge unvollständiger oder nicht genügend geprüfter Informationen!<br>Kooperation und Zusammenleben brauchen feste, ständig überwachte Regeln!<br>Gehe nur Risiken ein, deren Folgen nachvollziehbar beherrschbar sind!<br>Die Ressource Zeit muss effektiv genutzt werden!<br>Sage, was Du denkst! | Erst denken, dann lenken!<br>Alles Große besteht aus Kleinem<br>Der Kluge bemüht sich, keine Fehler zu machen. Der Weise bemüht sich, möglichst wenig Fehler zu machen<br>Wer zu früh rechnet, muss zweimal rechnen!<br>Wer gut gesattelt hat, reist gut!<br>Blinder Eifer schadet nur!<br>Ohne Fleiß kein Preis!<br>Gut Ding will Weile haben<br>Man wird nicht betrogen, man betrügt sich selbst |

agieren in ähnlichen Situationen beruflich oder privat völlig unterschiedlich. Oder wir beurteilen kindliches Verhalten danach, ob es unser Kind oder ein fremdes ist. Auch wenn Letzteres selten zugegeben wird.

Bei der Beurteilung der vier Programme hilft das Sprichwort „Alles zu seiner Zeit". Je nach Situation und unserer Rolle dabei, erscheinen die einzelnen Programme hilfreich oder eben nicht.

- Im Programm Stimulanz sind wir offen für Neues, probieren aus, sind kreativ, wir träumen und entwickeln daraus Visionen. Wir starten optimistisch neue Projekte und gehen neue Wege. Soweit die positiven Aspekte. Denn im wirklichen Leben gibt es Hindernisse, Schwierigkeiten und Rückschläge. Im Stimulanzprogramm gilt dann „neues Spiel, neues Glück" und wir versuchen etwas anderes.
- Doch Probleme können auch das Dominanzprogramm aktivieren. Dann werden Probleme zu Herausforderungen, die wir entschieden und mit den verfügbaren Ressourcen angehen. Dabei stellen wir uns dem Wettbewerb und empfinden Genugtuung, wenn wir uns durchsetzen. Dieses Programm ist ein entscheidender Motor des Fortschritts. Technische, ökonomische oder gesellschaftliche Veränderungen sind immer verknüpft mit Menschen, die diese durchsetzen.

Wenn Sie diese Beschreibungen für Stimulanz und Dominanz als Vertriebsleiter lesen, könnten Sie versucht sein, sich auf Stimulanz und Dominanz „programmierte" Verkäufer zu wünschen. Bevor Sie jedoch Ihr Vertriebsteam für viel Geld zu „Hardsellern" oder „Powersellern" ausbilden lassen, fallen Ihnen bestimmt die Schlüsselfaktoren „Kundenbeziehung" und „Kundenbindung" ein. Oder?

- Womit wir beim dritten Programm des Autopiloten wären, der Balance. Hier stehen Sicherheit und Stabilität ebenso im Vordergrund wie Rücksicht und Hilfsbereitschaft. Dazu sind wir im Balanceprogramm gute Zuhörer. Wir agieren emphatisch und haben ein feines Gespür für Harmonie und Wege, sie herzustellen und zu erhalten. Balance ist unser Programm für emphatisches und wertschätzendes Kundenverhalten.

Wie dieser kurze Exkurs durch die drei Programme des Autopiloten verdeutlicht, hat jedes dieser Programme im Vertrieb seine Vorteile – aber auch Nachteile. Das hängt ganz von der jeweiligen Situation ab. Diese einzuschätzen und Verhaltensoptionen zu betrachten, gelingt nur im vierten Programm, der Klärung. Wie Sie diese herbeiführen, nämlich indem Sie Ihrem Piloten die Zeit dafür verschaffen, wissen Sie bereits – zumindest theoretisch.

In der Praxis erfordert das konsequentes und hartnäckiges Üben. Denn unser Autopilot liefert umso stärkere Handlungsimpulse, je stressiger wir eine Situation erleben. Gerade dann, wenn wir unseren Piloten in einem kritischen Gespräch oder einer schwierigen Verhandlung am meisten brauchen – gerade dann kostet sein „Einschalten" die größte Überwindung. Gerade dann ist stoisches Vertrauen wichtig: Sowohl in die Abrufbarkeit unserer beruflichen Kompetenz als auch in unsere Fähigkeit, uns die dafür notwendige Zeit zu verschaffen.

Wenn Sie Ihre Fähigkeiten, sich im Alltag wertvolle Zeit und als Nebeneffekt wichtige Informationen zu verschaffen, jetzt sofort weiter ausbauen wollen, dann überspringen Sie einfach das jetzt folgende Kapitel. Wenn Sie sich dagegen vorher noch etwas genauer mit den vier Verhaltensprogrammen vertraut machen wollen, dann lesen Sie jetzt das nächste Kapitel. Dort geht es auch um die Frage, wie Sie erkennen, welches Programm gerade das Verhalten Ihres Gegenübers – und natürlich auch Ihr eigenes – bestimmt. Und Sie erhalten erste Anregungen, wie Sie Verhalten beeinflussen können.

## Literatur

Häusel Hans-Georg (2008) Brain View. Haufe-Lexware, Freiburg
Kahneman Daniel (2012) Schnelles Denken, langsames Denken. Siedler Verlag, München
Linné C von (1758) „Systema naturæ, sive regna tria naturæ systematice proposita per classes, ordines, genera, & species", 10. Auflage. Theodorum Haak, Leiden
McClelland David (1961) The achieving society. Van Nostrand, Princeton

# Wahrnehmen und Verstehen: So erkennen Sie, wie ein Mensch gerade tickt

**2**

▶ **Darum geht es** In diesem Kapitel verbessern und systematisieren Sie Ihre Beobachtungsgabe. Sie lernen, das gerade aktive Programm im Verhalten anderer – und bei sich selbst – schnell und sicher zu erkennen. Mit dem Wissen aus dem vorigen Kapitel erschließen sich Ihnen die Bedürfnisse, Motive oder Ängste hinter dem von Ihnen gerade beobachteten Verhalten. Mit diesem Hintergrund verstehen Sie sich und andere besser und es fällt Ihnen leichter, überzeugend und wirksam zu kommunizieren.

## 2.1 Das aktive Programm hinter Verhalten erkennen

Um Ihnen eine anschauliche Vorstellung vom typischen Verhalten in den einzelnen Programmen zu geben, erhalten Sie für eine erste Übersicht kurze verbale Beschreibungen. Wir betonen noch einmal ausdrücklich, dass das aktive Verhaltensprogramm stets eine temporäre, nur im Piloten bewusste, Reaktion auf eine konkrete Situation ist. Das heißt, sobald sich die Situation oder besser Ihre subjektive Bewertung ändert, kann sich auch das verhaltensbestimmende Programm ändern. Dieser Zusammenhang bietet Ihnen überhaupt erst die Möglichkeit, Menschen zu bewegen und kurzfristige, situative Verhaltensänderungen zu bewirken.

Verhalten im **Dominanzprogramm** wird häufig positiv mit pragmatisch-handelnd umschrieben. Wer dominant agiert, beherrscht häufig seine Umgebung – unabhängig von Physiognomie und Konstitution. In Gesprächen, Verhandlungen oder Präsentationen wird Blickkontakt gesucht und gehalten. Die Körperhaltung ist aufrecht, die Körpersprache wirkt nachdrücklich. Im Dominanzprogramm werden wir schnell ungeduldig. Die Stimme ist klar, pronon ciert und immer

© Springer Fachmedien Wiesbaden GmbH 2017
W. Schneiderheinze und C. Zotta, *Überzeugen 4.0*,
DOI 10.1007/978-3-658-16291-7_2

so laut, dass man sie nicht überhören kann. Verbale Reaktionen erfolgen rasch, direkt und gezielt, wobei die geradlinige, oft energische Gestik die Aussagen unterstreicht und verstärkt. Sätze sind kurz und haben selten mehr als fünf oder sechs Wörter und die Satzzeichen werden deutlich mitgesprochen. Als wichtig erachtete Aussagen werden durch Wirkpausen unterstrichen und hervorgehoben.

▶  Stark dominantes Verhalten wirkt arrogant, selbstgerecht und im Extremfall cholerisch. „Mit dem Kopf durch die Wand" ist hier ein treffendes Bild.

In unserem **Stimulanzprogramm** erscheinen wir unserem Umfeld offen, freundlich und unbeschwert. Probleme sehen wir, wenn überhaupt, gelassen. Der Blickkontakt ist direkt, interessiert und freundlich, schweift aber schon bei kleinen Ablenkungen leicht ab. Die Körperhaltung ist entspannt, manchmal lässig, die Körpersprache ist offen und gestenreich. Mimik und Gestik unterstützen und illustrieren das, was gesagt oder erzählt wird. In Stimulanz sprechen wir frei heraus und spontan, mit lebhafter, gefühlsbetonter Stimme. Menschen in Stimulanz wirken schwungvoll, gerade auch, wenn sie auf jemand zugehen. In vielen Verkaufsschulungen wird diese Körpersprache in den Mittelpunkt gestellt, wenn es darum geht, andere anzustecken und zu begeistern. Doch Vorsicht! Es wird kaum gelingen, auf Kommando begeistert zu sein. Und antrainiertes Vorexerzieren einer vermeintlichen eigenen Begeisterung steckt schwerlich an.

▶  In seiner extremen Ausprägung wirkt Verhalten im Stimulanzprogramm bei guter Stimmung euphorisch. Werden Schwierigkeiten realisiert, kommt es zu hektischem Aktionismus. Dann wird „der Weg zum Ziel".

Menschen im **Balanceprogramm** begegnen uns in vertrauter Umgebung freundlich und hilfsbereit, mit offenem Blickkontakt. Sind wir oder die Umgebung nicht vertraut, so ist ein Gegenüber eher vorsichtig und zurückhaltend und der Blickkontakt wird oft ganz vermieden. In dieser Situation führt besonders der herausfordernde Blickkontakt im Dominanzprogramm oft zu Verlegenheit. In Balance agieren wir ruhig und unaufdringlich, was durch die im Vergleich zu den drei anderen Programmen leiseste Stimme noch unterstrichen wird. Wir halten uns gerne zurück, drängen uns auf keinen Fall in den Vordergrund. Im Gespräch mit nur wenig bekannten Personen antworten wir oft nur auf direkte Nachfrage. Gestik und Körpersprache im Balanceprogramm wirken langsam, gleichmäßig und ausgesprochen unaufdringlich. Auf die Mimik muss man sehr genau achten, um Enttäuschung, Zustimmung oder Ablehnung darin zu erkennen. Besonders dann, wenn wir mit dem Gegenüber nicht sehr vertraut sind. Das ist wichtig, damit wir Unsicherheit nicht mit Arroganz verwechseln. Wer in Balance auf andere zugeht, tut das mit ruhigen, gleichmäßigen und vorsichtigen Schritten. Der Gang wird dabei zögerlicher, je näher das Ziel rückt. In der Regel wird ein respektvoller Abstand zum Gegenüber gewahrt.

▶ Im Extremfall kann Verhalten im Balanceprogramm zu altruistischer Aufopferung führen. Unter Druck wird stur am Status quo festgehalten, andere Optionen werden ignoriert. Stattdessen wird auf frühere Zusagen gepocht, auch wenn die Situation sich komplett geändert hat. „Der Kopf in den Sand gesteckt".

Im **Klärungsprogramm** wirken wir auf den ersten Blick reserviert, vielleicht sogar kühl oder in Gedanken versunken (was es ja genau trifft). Wir wirken ruhig und abgeklärt. Klärung steht für überlegte, betont sachliche Antworten und Aussagen, was manchmal distanziert und emotional unbeteiligt wirkt. Es ist jedoch der Ausdruck dessen, dass wir uns im Klärungsprogramm gut und reiflich überlegen, was und wie wir etwas sagen. Das unterscheidet sich deutlich vom Verhalten den drei übrigen, den limbischen Programmen. Die Sprache wirkt gleichmäßig, ohne Varianz in Stimmlage oder Lautstärke, was im Autopiloten als monoton empfunden wird. Dieser Eindruck wird verstärkt durch die sichtbar kaum vorhandene Gestik und Mimik.

Auch im Klärungsprogramm halten wir aufmerksam Blickkontakt, ohne unser Gegenüber zu fixieren. Die Redensart „er kommt gemessenen Schrittes daher" illustriert sehr schön den beherrschten, gleichmäßigen Gang eines nachdenkenden Menschen. Klärung will fundiert überzeugen und nicht oberflächlich begeistern. Und eine mit Begeisterung und großer Gestik vorgetragene Rede verfehlt ihr Ziel, wenn Fakten und Hintergründe fehlen. Im Vertrieb wird dieses Programm oft nicht geschätzt. Dabei wird jedoch übersehen, dass es komplexe Produkte und abstrakte Leistungen gibt – die erklärt werden müssen.

▶ Im Klärungsprogramm vergessen wir allerdings häufig, dass Klärung auch Grenzen hat. Dann verlieren wir uns im Detail und „sehen den Wald vor lauter Bäumen nicht."

Finden Sie sich in diesen Beschreibungen wieder? In allen vier? Oder erkennen Sie Präferenzen? Wie sehen Sie vor diesem Hintergrund Ihre Kunden, Vorgesetzten oder Kollegen, Ihre Verwandten und Freunde? Doch Achtung! Jeder Mensch agiert grundsätzlich in allen vier Programmen. Die drei Programme des

Autopiloten sind schon von Geburt an „installiert", das Klärungsprogramm entwickelt sich etwa ab dem vierten Lebensjahr. Alle Programme entwickeln und
verändern sich im Laufe unseres Lebens. Im normalen Alltag lassen sich dabei
durchaus Präferenzen für das eine oder andere Programm beobachten. Das macht,
wie schon erwähnt, unsere Persönlichkeit aus.

Widerstehen Sie jedoch der Versuchung, Etiketten für Ihre Mitmenschen zu
vergeben – „der oder die ist so und so". Die Sicht einer Situation kann sich von
einer Sekunde zur anderen ändern und mit ihr das aktive, verhaltensbestimmende
Programm, zum Beispiel durch eine unbedachte Bemerkung. Das gilt natürlich
auch für Sie selbst. Wenn Sie sich gerne als optimistisch und locker sehen, gibt es
da nicht diesen Einkäufer bei Ihrem wichtigen Kunden, dem Sie am liebsten aus
dem Weg gehen? Weil Sie sich durch ihn eingeschüchtert fühlen?

▶    Die vier Programme in diesem Buch sind also keine Etiketten, die
     Ihnen Verantwortung abnehmen und einfache Lösungen bieten. Sie
     bieten eine vereinfachende Grundlage für die Vertiefung und Syste-
     matisierung Ihrer Menschenkenntnis.

Eine Änderung im Verhalten geht immer damit einher, dass sich die Wahrnehmung der Situation und das damit vorherrschende Programm ändern. Das ist etwa
der Moment, wenn der Kunde die Vorzüge eines Produkts ausreichend überprüft
hat und nun bereit für die Kaufentscheidung ist. Seine Körpersprache und Mimik
verändern sich, er wird andere Begriffe wählen, die Ihnen signalisieren, dass jetzt
Handeln und Aktion in den Vordergrund treten.

Mit PEK erkennen Sie jedoch nicht nur das aktive Programm hinter einem
Verhalten. Sie lernen nicht nur, darauf bewusst und gezielt einzugehen, sondern
durch geschickte Gesprächsführung einen Programmwechsel herbeizuführen! Die
Beispiele dieses Kapitels illustrieren also nicht nur die Programme. Sie zeigen
auch, was sie auslöst und was sie stoppt.

▶    Verhalten zu verstehen ist Pflicht – nicht nur im Vertrieb! Verhalten zu
     beeinflussen ist die Kür.

## 2.2    Die vier Programme im Vertriebsalltag

In diesem Abschnitt werden Ihnen die vier Programme noch vertrauter und Sie lernen, das Verhalten anderer noch besser zu verstehen. Die folgenden kurzen Dialoge erleben Sie so oder so ähnlich täglich, besonders im Verkauf. Jeder Akteur der

verschiedenen Szenen zeigt in seinem Verhalten deutlich die Indikatoren für das zugrunde liegende Programm. Wie im wirklichen Leben klappt entweder die Verständigung zwischen den Gesprächspartnern, oder es kommt zum Konflikt.

Ein Großteil der Ursachen unserer alltäglichen Kommunikationsprobleme lässt sich mit der Wechselwirkung der Programme erklären. Es geht – das sei nochmals ausdrücklich vorangestellt – nicht darum, die Beteiligten der folgenden Szenen mit einem Etikett zu versehen, wie „Der Workaholic" oder „Der Kreative".

Versuchen Sie beim Lesen die Merkmale zu finden und zu entschlüsseln, die darauf hinweisen, welche Programme Anne, Bernd, Martin, Katrin und Alexandra in der beschriebenen Situation bewegen. Wer zeigt seine dominante, handelnde Seite, wer seine stimulierende, optimistische, unbeschwerte? Wer agiert eher sanftmütig, einfühlsam und vorsichtig im Balanceprogramm, wen erleben wir nachdenklich, hinterfragend in der Klärung?

### Der Hintergrund der Dialoge

Markus, ein Presales-Consultant, soll innerhalb von nur einer Woche fünf sehr wichtige und umfassende Angebote erstellen. Sowohl wegen seiner Fachkompetenz als auch wegen seines, auf viele Kunden sympathisch wirkenden, Auftretens bei Präsentationen, ist er ein gefragter Ansprechpartner der Vertriebskollegen im Außendienst. Natürlich freut das Markus, und er sagt selten Nein, wenn er um Unterstützung gebeten wird. Doch für diese Woche ist es einfach zu viel, und er muss mindestens ein, wenn nicht gar zwei Angebote an einen Kollegen übergeben. Doch davon muss er noch seine Kollegen überzeugen …

Die Dialoge zeigen, wie Markus die Sache angeht, wann und warum er mit seinem Anliegen Erfolg hat und wann und warum nicht.

---

**Markus und Anne**

*Anne ist die beliebte und sehr dynamische Key-Account-Managerin für einen Automobilhersteller. Da sie stets in viele Projekte eingebunden ist, hat Markus mit ihr extra telefonisch einen Termin vereinbart. Diesen hatte sie kurz angebunden mit „Ja, gut. Wenn es sein muss" bestätigt. Er kommt pünktlich zum Termin in Annes Büro an.*

**Markus**    „Hallo Anne, wie geht's? Unser neuer Kunde entwickelt sich ja prächtig, wie ich höre, gibt es jetzt schon die vierte Anfrage in nur zwei Monaten. Und aus den drei davor sind ja richtig große Projekte geworden."

**Anne**    „Ja, wir sind halt ein gutes Team. Aber Du willst sicher mehr als mein Lob. Also?"

| | |
|---|---|
| **Markus** | „Nun ja, Anne, im Moment weiß ich gar nicht, wo mir der Kopf steht. Und wahrscheinlich kann ich gar nicht alles schaffen, was im Moment auf meinem Tisch liegt." |
| **Anne** | „Ja, ja. Diese Situationen kennen wir alle." |
| **Markus** | „Eigentlich hatte ich gehofft, Du könntest mir helfen. Ich würde gern eine Anfrage an Peter aus meinem Team abgeben. Der kennt sich doch mit dem Thema mittlerweile genauso gut aus wie ich, und, wie schon gesagt, ich schaffe einfach nicht alles." |
| **Anne** | „Solche Experimente machen wir definitiv nicht bei meinem Kunden! Ist das alles? Ich muss weitermachen." |
| **Markus** | „Sprich doch wenigstens mal mit Peter, dann siehst Du selbst …" |
| **Anne** | „Sag mal, hörst Du mir nicht zu?! Ich habe genug zu tun, meine Deadlines zu halten und Du stiehlst mir meine Zeit mit Jammern. Bis Donnerstag 17.00 Uhr habe ich das Angebot und eine Präsentation auf dem Tisch. Und am Freitag treffen wir uns Punkt 8.00 Uhr auf unserem Parkplatz. Ich fahre." |
| **Markus** | „Das geht doch aber nicht. Ich kann das doch nicht alles alleine schaffen, und ich habe Peter doch eigentlich schon voll informiert, lass uns doch bitte …" |
| **Anne** | „Markus, das ist nicht mein Problem. Zum letzten Mal: Bis Donnerstag 17.00 Uhr habe ich alle Unterlagen, und Freitag fahren wir 8.00 Uhr zum Kunden. So, und nun muss ich arbeiten. Tschüss!" |

*Markus weiß nicht, was er zu so viel Ignoranz und Arroganz sagen soll, und verlässt wortlos den Raum. Anne macht sich kopfschüttelnd wieder an die Jahresplanung, die dem Vertriebsvorstand am kommenden Abend vorliegen muss*

Wie sehen Sie ganz spontan diese Szene? Tut Ihnen Markus leid? Finden Sie Anne unmöglich? Doch lassen Sie uns hier nicht werten, sondern schauen, welche Indizien wir für welche Programme finden können, die die treibenden Kräfte hinter dem Verhalten von Anne und Markus waren. Welche Anhaltspunkte liefert dieser kurze Dialog? Welche Belege bzw. Indizien haben Sie schon erkannt?

▶ **Wichtig** In der PEK geht es darum, Verhalten schnell zu interpretieren, das gerade aktive Programm dahinter zu erkennen und daraus auf Ihre Bedürfnisse, Motive und Ängste zu schließen. Nur diese Informationen machen eine adäquate Reaktion möglich. Es geht nicht um Wertung oder Beurteilung. Wer sich dazu hinreißen lässt, verstärkt nur seine emotionale Reaktion im Autopiloten, von der sich erst im Nachhinein sagen lässt, ob sie angemessen und zielführend war.

**Analyse**

Markus begrüßt Anne freundlich, und er bemüht sich um eine angenehme Gesprächsatmosphäre. Er bleibt auch nach der ersten knappen Abfuhr freundlich. Er geht jedoch nicht auf Annes Einwand ein. Stattdessen versucht er sie sanft zu überreden. Markus ist von Anfang an mit sich und seinem Problem beschäftigt. Er hofft auf Annes Verständnis und bemüht sich mehr und mehr verzweifelt darum. Das lässt darauf schließen, dass er sich in der schwächeren Position sieht. Er fühlt sich schnell als Bittsteller.

All diese Indizien sprechen für das Balanceprogramm. Besonders deutlich wird das durch die Reaktion von Marcus auf Annes strikte Weigerung, sein Anliegen überhaupt zu diskutieren: Markus appelliert vorsichtig bittend an Annes Verständnis. Er versucht gar nicht erst mit Argumenten zu diskutieren. Deshalb bleibt Marcus im Autopiloten auf verlorenem Posten. Im Balanceprogramm suchen wir Harmonie und Einklang mit unserem Umfeld und hoffen darauf, dass sich die Situation dadurch positiv entwickelt, und wir leiden still, wenn es anders kommt. Markus zeigt uns hier die schwache, hilflose Seite des Balanceprogramms.

Anne geht in dieser Szene nicht auf Markus ein, sein Anliegen und seine Befindlichkeiten interessieren sie scheinbar nicht. Würden Sie sagen, Anne wirkt hier ignorant, aggressiv und egoistisch? Selbst wenn Sie Annes Gründe – der wichtige Termin, verbunden mit Zeitdruck – kennen? Anne kann im Moment sicher damit leben, für sie zählt jetzt nur die termingerechte Erledigung ihrer Aufgabe. Und natürlich das optimale Angebot für ihren Kunden. Im Dominanzprogramm setzen wir klare Prioritäten, ohne viel Rücksicht auf die Meinung anderer zu nehmen. Wo gehobelt wird, da fallen Späne, so könnte man die hier von Anne gezeigten Indikatoren für Dominanz umschreiben.

Markus wird das wenig trösten, und Anne soll damit auch nicht entschuldigt werden. Im Moment geht es nur darum, Verhalten zu interpretieren und Indizien für die Programme dahinter zu erkennen. Wir werden später diskutieren, was Markus in dieser Szene hätte tun können, um nicht so sang- und klanglos abzublitzen. Auch Anne hätte bei gleichem Zeitaufwand ihren Kollegen nicht so verprellen müssen. Beide haben auf jeden Fall versäumt, die Situation zu KLÄREN.

Jetzt schauen wir erst einmal, was Markus bei seinem nächsten Termin erlebt.

**Markus und Bernd**

*Immer noch bedrückt und verärgert durch Annes Abfuhr geht Markus ins nächste Büro auf seinem Plan. Hier sitzt Bernd. Bernd arbeitet als sogenannter „Jäger" zur Neukundengewinnung, ist umgänglich und scheinbar immer gut gelaunt.*

**Bernd**      „Ach Markus, gut, dass Du kommst. Ich sitze hier gerade und mein Skype funktioniert nicht, die Webcam wird nicht erkannt."

**Markus**     „Skype? Aber das ist doch noch gar nicht freigegeben. Lass das lieber, sonst gibt es noch Ärger."

**Bernd**      „Woher denn, das wissen doch nur ein paar Eingeweihte. Alle in unserem Team haben das. Wie stehe ich denn nachher da, wenn ich als Einziger nicht zu sehen bin? Schau doch schnell mal. Ist bestimmt nur eine Kleinigkeit."

**Markus**     „Du Bernd, ich habe im Moment ganz andere Sorgen. Ich weiß nicht, wo mir der Kopf steht, und ich brauche jetzt ganz dringend Deine Hilfe."

**Bernd**      „Klar Markus, eine Hand wäscht doch die andere. Sag, was ich für Dich tun kann, und in der Zwischenzeit bringst Du mein Skype zum Fliegen. Okay?!"

**Markus**     „Bitte Bernd, hör mir doch erst einmal zu. Ich kann unmöglich alle Angebote für diese Woche schaffen. Du kennst doch Peter, den habe ich in den letzten Monaten wirklich gut eingearbeitet. Peter würde sich riesig freuen und wäre stolz, wenn er das aktuelle Angebot für Dich machen dürfte. Wie findest Du die Idee?"

**Bernd**      „Das ist doch jetzt nicht dein Ernst Markus, oder? Das ist die Chance, auf die ich seit einem Jahr warte. Da ist das beste Angebot gerade gut genug, das muss ein Hammer werden. Ein Hammer verstehst du? Dazu brauche ich Dich und nicht Deinen Lehrling, okay?"

**Markus**     „Bernd, Du unterschätzt Peter völlig, der ist manchmal schon besser als ich, wirklich!"

2.2 Die vier Programme im Vertriebsalltag

**Bernd**    „Netter Versuch, Markus. (schaut auf seine Uhr) Mein Gott, jetzt hätte ich beinahe wegen Dir noch meinen Termin verschwitzt. Also, wir sprechen übermorgen unser Angebot durch, ich gebe auch ein Kaffee aus."

**Markus**    „Bitte Bernd, die Situation ist ernst, Du musst mir helfen."

**Bernd**    „Klar, ich verstehe Dich, wir helfen uns doch gegenseitig, schließlich sind wir doch ein Superteam. Du schaffst das schon, ich kenne Dich doch. Also hau rein und mach's gut. Tschüss, bis übermorgen."

**Markus**    „Bernd, bitte lauf nicht einfach weg. Ich ..."

**Bernd (schon in der Tür)**    „Sorry Markus, bin spät dran. Ich verlass mich auf Dich! Ciao!"

*Wieder hat Markus kein Gehör gefunden und schon gar nicht die Unterstützung, auf die er gehofft hat*

**Analyse**
Wie steht es hier mit den Indizien für welche Programme? Dass Bernd in dieser Szene gut drauf ist, ist nicht zu übersehen. Er freut sich, dass Markus kommt, zeigt sich umgänglich und bindet ihn sofort in seine augenblickliche Situation ein. Als Markus darauf nicht eingeht, sondern sein Problem anspricht, reagiert er absolut gelassen, wobei er jede Diskussion vermeidet. Stattdessen setzt er auf seine Beredsamkeit und versucht, Markus zu motivieren. Als das nicht gelingt, verlässt er einfach die Szene mit Worten, die Markus aufbauen und motivieren sollen. Dass er sein eigenes Ziel, ein Softwareproblem in den Griff zu kriegen, dadurch auch nicht erreicht, scheint Bernd nicht zu stören, wahrscheinlich hat er zum Schluss gar nicht mehr daran gedacht. Damit zeigt Bernd viele typische Anzeichen dafür, dass sein Handeln hier vom Stimulanzprogramm bestimmt wird.

Markus trägt sein Anliegen auch hier sehr vorsichtig vor, benutzt oft den Konjunktiv als Höflichkeitsform und fragt vorsichtig durch die Blume. Er bittet um Verständnis, reagiert ausgesprochen behutsam und ohne den geringsten Druck. Er will wohl auf keinen Fall das Verhältnis zu seinem Kollegen gefährden. Auch hier zeigt uns Markus wieder deutliche Indizien für das Balanceprogramm.

**Katrin und Markus**

*Der nächste Versuch führt Markus zu seiner Kollegin Katrin. Sie arbeitet seit einem Jahr halbtags und betreut im Team die Bestandskunden. Auch hier hat sich Markus telefonisch angekündigt, und Katrin erwartet ihn bereits. Sie freut sich offensichtlich, dass er vorbeikommt, bietet ihm gleich Kaffee an und hat sogar Schokolade auf einem kleinen Teller vorbereitet.*

**Katrin**   „Hallo Markus. Schön, dass Du wieder mal vorbeikommst. Wir haben uns ja lange nicht gesehen. Wie laufen Deine Angebote? Du bist ja mittlerweile der Star im Presales."

**Markus**   „Ach, hör mir auf. Ich habe so viel auf dem Tisch, ich weiß nicht, wie ich alles schaffen soll."

**Katrin**   „Da sind wohl wieder Überstunden angesagt, Du Armer."

**Markus**   „Ach, selbst mit Überstunden ist das nicht mehr zu schaffen."

**Katrin**   „Kann ich Dir irgendwie helfen?"

**Markus**   „Danke, dass Du fragst. Ich wollte Dir nämlich vorschlagen, dass Peter Deine beiden Angebote ausarbeitet und auch beim Kunden präsentiert."

**Katrin**   „Markus, bitte, das geht doch nicht! Peter hat doch überhaupt keine Erfahrung!"

**Markus**   „Nein, aber wir arbeiten jetzt seit gut einem Jahr zusammen. Er ist in vielen Themen schon tiefer drin als ich."

**Katrin**   „Markus, ich bin froh, dass mich, nach meiner Pause mit Sophie, meine Kunden wieder so gut aufgenommen haben. Das will ich mir auf keinen Fall verscherzen. Das musst Du doch verstehen. Oder?"

**Markus**   „Natürlich verstehe ich das. Deshalb habe ich mir auch schon etwas überlegt. Wie wäre es, wenn Peter Deine Angebote ausarbeitet, ich sie mir genau anschaue und sie bei Deinen Kunden präsentiere? Zusammen mit Peter. Aber ich halte die Präsentation. Was sagst Du dazu?"

**Katrin**     „Na ja, das klingt schon besser. Aber Du garantierst mir Top-Angebote. Versprichst Du mir das?"

**Markus**     „Aber natürlich Katrin, Du kannst Dich voll auf mich verlassen. Und auf Peter. Versprochen!"

**Katrin**     „Gut, abgemacht. Aber wehe Dir es gibt Ärger. So, jetzt brauche ich einen Kaffee und ein großes Stück Schokolade. Du auch?"

*Markus verlässt Katrins Büro sichtlich erleichtert. Es ist zwar nicht die ideale Lösung, weil er immer noch zwei Präsentationen halten muss. Aber auch die kann Peter vorbereiten. Doch auf jeden Fall hat Katrin ihm sehr geholfen, wird er sich jetzt dankbar bewusst. Katrin bleibt ein wenig zwiespältig zurück. Einem lieben Kollegen geholfen zu haben, ist ein schönes Gefühl. Doch sie spürt auch ihre Sorge, dass etwas schiefgehen könnte*

**Analyse**

Katrin und Markus zeigen uns hier die konstruktiven Aspekte des Balanceprogramms. Wenn sich ein Kompromiss abzeichnet, mit dem alle Beteiligten leben können, dann stellen wir uns im Balanceprogramm nicht quer. Auch bei leisen Restzweifeln. Die Beziehung steht dann im Vordergrund.

Markus profitiert in dieser Szene von seiner Vorbereitung. Er hat einen Vorschlag in petto, den man nicht so leicht ablehnen kann – zumindest nicht im Balanceprogramm. Dass er diesen pragmatischen Ansatz nicht bei Anne oder Bernd ins Spiel gebracht hat, liegt wohl daran, dass es ihm in diesen Fällen nicht gelungen ist, in einen Dialog zu kommen. Die offene Ablehnung hat ihn verleitet, im Autopiloten überreden zu wollen und dabei auf Verständnis zu hoffen. Das hat es Anne und Bernd leicht gemacht, ihn, ebenfalls im Autopiloten, abzuwimmeln. Katrin blieb zwar auch im Autopiloten, hat aber im Balanceprogramm um Verständnis geworben. Markus konnte das nachvollziehen, kam jedoch nicht unter Druck wie in den anderen Beispielen.

Was hätte Markus nun anders machen können? Sie wissen oder ahnen es bestimmt schon: Zeit gewinnen, einfache Was-Fragen stellen, seinen Piloten und den der Gesprächspartner aktivieren. Was er darüber hinaus hätte fragen und was wie sagen können, lesen Sie in den Kap. 4 und 5.

Doch vorher laden wir Sie noch zu zwei weiteren Fallstudien ein.

### Markus und Martin

*Sein dringlichstes Problem, seine Überlastung, hat Markus gelöst, doch nun hat er noch einen Termin mit dem Vertriebscontroller. Es geht um die Preisrabatte, die guten Kunden immer wieder gewährt werden. Markus weiß, dass er einer derjenigen ist, der besonders oft und im großen Umfang seinen Kollegen im Vertrieb entgegen kommt und bei der Kalkulation an die Schmerzgrenze geht. Er weiß auch, dass Martin das völlig anders sieht und ihn zur Rede stellen wird. Aber die große Erleichterung darüber, dass er sein vordringlichstes Problem, die Angebote, gelöst hat, überstrahlt für den Moment seine Sorgen. Durch das Gespräch mit Katrin hat er sich etwas verspätet. Gut gelaunt trifft er auf dem Weg zu Martin noch Peter am Kaffeeautomaten und berichtet im die guten Neuigkeiten.*

**Martin**      „Endlich kommst Du. Ich hatte Dich schon vor mehr als dreißig Minuten erwartet!"

**Markus**    „Ich werde dauernd aufgehalten. Bei uns brummt der Laden, jeder hat wahnsinnig viel zu tun. Alle jammern und stöhnen. Doch ich finde es prima, dass es so gut läuft."

**Martin**      „Zunächst erwarte ich, dass Du um 14.00 Uhr da bist, wenn wir uns für diesen Termin verabredet haben, und nicht erst (schaut auf die Uhr) um 14.36 Uhr."

**Markus**    „Ja, sorry, kann ich verstehen, tut mir leid. Kommt nicht wieder vor. Es war ein Notfall. Ich habe wahnsinnig viel zu tun, das Geschäft läuft, der Laden brummt."

**Martin**      „Das muss er auch. Wenn alle so viel am Preis nachlassen wie Du, sind wir bald pleite."

**Markus**    „Komm, Martin. Du kennst doch das Geschäft. Die Konkurrenz ist hart. Die Leistung, die wir bieten stimmt, aber bei den Preisen sind wir immer über dem Wettbewerb."

**Martin**      „Alle anderen scheinen damit aber besser zurechtzukommen. Du bist der mit den höchsten Rabatten. Ich habe das mal zusammengestellt. Hier kannst Du es sehen. Es gibt in den letzten drei Monaten nur einen Fall, bei dem Du nicht das Limit unterschritten hast."

**Markus**  „Komm, aber der Umsatz stimmt doch. Ich habe viele zufriedene Kunden. Das spricht doch für mich, und das reißt den Preisrabatt doch dreimal raus."

**Martin**  „Nein, Markus, so einfach ist das nicht. Wir müssen auf die Marge achten. Die durchschnittliche Marge Deiner Angebote erreicht nicht einmal 20 % vom Durchschnitt. Kein Wunder, dass Du beim Vertrieb so gefragt bist. Du machst unsere Preise kaputt, wenn Du die anderen Presales ansteckst. Sieh doch mal hier, ich habe eine Aufstellung über das gesamte Team. Deine Kollegen räumen im Durchschnitt 9,8 % weniger Rabatt ein, ihr durchschnittlicher Deckungsbeitrag ist damit 83 % höher als Deiner. Geh diese Auswertung einmal genau durch, dann verstehst Du auch, warum Du uns selbst mit noch mehr Aufträgen immer mehr in Schwierigkeiten bringst."

**Markus**  „Das ist doch übertrieben. Ich habe seit Jahren gute Beziehungen und alles läuft rund. Meine Kunden sind hochzufrieden, das kommt ja in Deiner Statistik gar nicht vor. Wir arbeiten über Jahre vertrauensvoll zusammen. Ich habe bei meinen Kunden mehrere Aufträge pro Jahr. Das zahlt sich in jedem Fall aus. Zufriedene Kunden – so heißt es doch auch in unserem Leitbild."

**Martin**  „Da verstehst Du etwas falsch. Unser Leitbild sind zufriedene Kunden durch Schaffung von Win-win-Situationen. Deine Zahlen für dieses Jahr zeigen deutlich, dass wir als Unternehmen bei Deinen Aufträgen kaum etwas gewonnen haben. Schau Dir das jetzt bitte in Ruhe an. Wir sprechen dann am Montag weiter."

**Markus**  „Das sieht Dir ähnlich. Ich arbeite mich krumm, damit alle zufrieden sind, und zum Dank bin ich jetzt der Buhmann. Macht Euch lieber einmal Gedanken über eure Preispolitik."

**Martin**  „Markus, jetzt wirst Du unsachlich! Die Zahlen und Fakten sprechen eine klare Sprache. Ab sofort geht von Dir kein Angebot zum Kunden, bei dem die Preisvorgaben nicht eingehalten sind. Dazu wirst Du mir jedes Angebot ab einem Endpreis von 5000 EUR zur Gegenzeichnung vorlegen. Das ist auch zu Deiner eigenen Sicherheit wichtig."

**Markus**   „Zu meiner Sicherheit? Lass mich mit Deiner Bürokratie bloß zufrieden. Fahr Du mal zu den Kunden, ja, mach mal meinen Job, dann redest Du nicht mehr so."

**Martin**   „Markus, bleib bitte auf dem Teppich. Menschlich verstehe ich Dich. Aber Du musst auch unser Ergebnis sehen. Die Preise sind scharf kalkuliert. So viel Spielraum gibt es da nicht."

**Markus**   „Ist schon gut, ich habe verstanden. Ich bin ja nicht zum ersten Mal der Sündenbock. Trampelt ruhig wieder auf mir rum. Ich gehe mal wieder an die Arbeit."

*Das sind fast die letzten Worte von Markus in diesem Gespräch. Er wirkt zunehmend verschlossen und nickt nur noch ab und an. Als Markus sichtlich beleidigt den Raum verlässt, weiß Martin, dass dieses Thema noch nicht erledigt ist. Er wird ab jetzt sehr genau auf Markus schauen*

**Analyse**

Schauen wir wieder auf die Indizien, die uns dieser kurze Dialog liefert. Markus ist gelöst und gut gelaunt, weil er sein Problem mit Hilfe von Katrin lösen konnte. Er nutzt die Chance, seinen jungen Kollegen gleich ins Bild zu setzen. Denn, „geteilte Freude ist doppelte Freude". Das gilt auch für mitgeteilte. Der aus seiner Sicht wenig erfreuliche Termin mit Martin rückt damit aus dem Fokus. Und, da „dem Glücklichen keine Stunde schlägt", wird ihm gar nicht bewusst, dass er sich deutlich verspätet. Markus erreicht Martins Büro im Stimulanzprogramm seines Autopiloten.

Martin dagegen empfängt Markus (aus dessen Sicht) kühl, verärgert, weil Markus zu spät kommt – und dafür (aus Martins Sicht) nur billige Ausreden anführt. Martin will Markus klarmachen, dass er bei seinen Preisen zu große Rabatte gewährt. Er ist um sachliche Klärung bemüht und agiert besonnen und kontrolliert im Piloten. Martin hat Auswertungen und Zahlen vorbereitet, er kann das, was er sagt, mit Kennzahlen und Fakten belegen. Markus, immer noch sorglos und ohne Problembewusstsein im Stimulanzprogramm, empfindet Martins Vorhaltungen dagegen kleinkariert und übertrieben. Für ihn zählen in diesem Moment Zuspruch der Vertriebskollegen und langfristige Kundenbeziehungen einfach mehr als abstrakte Durchschnittsmargen.

Martin hat als Controller natürlich die Profitabilität des Unternehmens im Fokus. Er sieht sich zum Handeln gezwungen, weil bei Markus die Rabatte aus dem Ruder laufen. Markus reagiert darauf mit hilflosem Unwillen. Sein Stimulanzprogramm weicht einem, sich unverstanden fühlendem, Balanceprogramm. Er reagiert regelrecht beleidigt, ja bockig und hat für die Vorgaben, die Martin ihm verständlich machen will, kein Verständnis. Im Autopiloten interessieren keine Argumente! Und im Balanceprogramm steht bei jedem Problem die Schuldfrage im Mittelpunkt, die Lösung wird zweitrangig gesehen. Martin lässt sich allerdings nicht provozieren und bleibt professionell im Piloten. Sein Manko in dieser Situation? Er setzt keine Fragetechnik ein. Dadurch schafft er es nicht, Markus aus dem Autopiloten in den Piloten zu holen. Es kommt zu keinem Dialog in der Sache. Warum wir in der Szene darauf verzichten? Nun, schließlich wollen wir dem nächsten Kapitel hier nicht vorgreifen.

▶  **Wichtig**  Ob die „Chemie" stimmt oder nicht, entscheiden die jeweils aktiven Programme der Beteiligten.

Jetzt haben wir für jedes der vier Programme am Beispiel gesehen, wie diese sich im äußerlich wahrnehmbaren Verhalten manifestieren. Besonders ausführlich haben wir die Balance erlebt. Hier haben wir auch gesehen, wie es im Balanceprogramm mit den drei anderen Programmen gehen kann. So richtig gut lief es in unseren Beispielen nur mit einem gleichfalls im Balanceprogramm agierenden Gegenüber, wie im Zusammentreffen von Markus und Katrin. Mit dem um sachliche Klärung bemühten Martin war es schwierig bis unbefriedigend, weil im Balanceprogramm Gefühle und weniger Fakten zählen. Mit dem durchweg locker im Stimulanzprogramm agierenden Bernd lief es zunächst besser, doch auch hier scheiterte das Gespräch an der unverbindlichen Oberflächlichkeit. Mit der sehr dominanten Anne kam ein richtiges Gespräch gar nicht erst zustande.

Die Beispiele wurden gewählt, weil es im Alltag häufig durchaus so oder so ähnlich abläuft. Dass jeder der hier Beteiligten zunächst nur in jeweils einer oder zwei Programmen agiert, ist an dieser Stelle der einfacheren Verständlichkeit geschuldet. Natürlich kann sich das aktive Programm jedes Menschen im Verlauf von Alltagssituationen auch häufiger ändern – immer entsprechend der subjektiven Sicht einer Situation.

Im Alltag wird die Konstellation Dominanz trifft auf Balance oft als besonders kritisch empfunden. Schließlich prallt hier die sanftmütige, nach Harmonie und Sicherheit strebende Verhaltensfacette des einen auf die dominante, auf Lösung und Ergebnis eingestellte Facette einer anderen Person. Beide Verhaltensmuster verstärken sich wechselseitig: Je nachgiebiger und kompromissbereiter die eine Seite reagiert, um so fordernder und kompromissloser tritt die andere auf. Das hat seine Ursache in der Konstruktion dieser beiden Programme. Wer sich schwächer sieht, verstärkt unbewusst damit die durch die Amygdala gesteuerte Stressspirale seines Fluchtimpulses. Umgekehrt gibt jedes Erfolgserlebnis der Amygdala das Signal, dass der Kampf sich lohnt.

Wie Sie diese alten Muster durchbrechen, haben Sie bereits in Kap. 1 erfahren: Zeit gewinnen, Fragen stellen und dadurch Pilot aktivieren. Im nächsten Kapitel werden wir dieses einfache System noch ausbauen und verfeinern. Doch vorher sind wir noch dabei, wenn Markus seiner Vorgesetzten Alexandra berichtet, wie gut es mit seinen Kunden läuft, um dem Ärger aus dem Controlling vorzubauen.

**Alexandra und Markus**

*Markus hat sich für sein „Vorbeuge-Gespräch" bei Alexandra an deren Assistentin Christine vorbeigeschlängelt. Alexandra hat gerade wenig Zeit (was Markus nicht weiß), denn in einer Stunde kommt ihr Taxi zum Flughafen. Sie wartet noch auf die neuesten Zahlen vom Controlling und ist dabei, ihre Präsentation für London auf ihrem Laptop noch einmal durchzugehen.*

| | |
|---|---|
| **Markus** | „Hallo Alexandra. Tut mir wirklich leid, dass ich so 'reinschneie. Aber es ist mir wirklich wichtig, dass Du Bescheid weißt, wie es gerade läuft." |
| **Alexandra** | „Sorry, Markus, sonst gerne, doch ich habe jetzt wirklich keine Zeit. Schreib mir doch einfach eine Mail, die lese ich unterwegs und gebe Dir Feedback." |
| **Markus** | „Es dauert doch nur fünf Minuten. Und es ist mir wirklich wichtig. Wir haben drei gute Leads und fünf Angebote von mir wurden in diesem Quartal zu Aufträgen …" |
| **Alexandra** | „Prima. Freut mich. Ich muss gleich los und habe zu tun. Also schreib die Mail!" |
| **Markus** | „Bitte Alexandra, ich brauche doch nur zwei Minuten …" |
| **Alexandra** | „Die hattest Du jetzt reichlich. Zum letzten Mal, geh und schreib die Mail!" |
| **Markus** | „Aber es gibt da ein kleines Problem mit dem …" |
| **Alexandra** | „Schreib es in der Mail, wir sprechen dann übermorgen, wenn ich zurück bin!" |

**Markus** „Es ist wirklich wichtig, dass wir jetzt kurz sprechen …"

**Alexandra** „Markus, bitte!!!! – Christine, hat die Agentur die Entwürfe für die Verpackungen inzwischen geschickt? Und ruf bitte im Controlling an, ich brauche die Zahlen!"

**Markus** „Na schön, dann bis übermorgen. Sag dann aber nicht, ich hätte früher kommen sollen."

**Alexandra** „Markus, statt mir sinnlos die Zeit zu stehlen, hättest Du längst auf den Punkt kommen können. Melde dich umgehend zu einem PEK-Training an. – Christine, ruf bitte Martin an, ich brauche die Zahlen!"

**Analyse**

Markus ist schneller wieder draußen, als er hineinkam, und er ist ziemlich enttäuscht, dass er so abgefertigt wurde. Er wollte doch nur seine Chefin rechtzeitig informieren, und wenn die nicht zuhört, dann soll sie ihm später keine Vorwürfe machen … Mittlerweile können Sie diese wenig konstruktive Sicht des Balanceprogramms wohl nachvollziehen. Oder?

Wie sehen Sie Alexandra, die Chefin in Eile? Mit ihrem höflichen, aber bestimmten Dominanzverhalten? Natürlich hatte sie wenig Zeit. Doch hätte eine präzise Frage wirklich mehr Zeit gekostet? Zum Beispiel: „Was gibt es? Bitte in drei Sätzen!"

Sie fragen sich nach diesen Beispielen vielleicht, was Markus hätte tun können, um in diesen Situationen besser und damit überzeugender zu kommunizieren? In den Kap. 3 und 4 liefern wir für die hier besprochenen Beispiele Lösungsmöglichkeiten mit Regeln überzeugender Kommunikation und die zu deren Umsetzung nötigen Werkzeuge. An dieser Stelle wollen wir aber vorher noch einmal zum zuvor schon diskutierten Thema „Körpersprache" zurückkommen. In Seminaren kommt häufig die Frage auf, wie man seine Körpersprache so steuern kann, dass dadurch der oder die Gesprächspartner zusätzlich beeindruckt werden. Diese Frage ist verständlich, gibt es doch zahlreiche Bücher und viele Seminare zu diesem Thema. Sowohl die Autoren als auch die Seminaranbieter haben in der Regel einen schauspielerischen Hintergrund oder haben als Regisseure mit Schauspielern gearbeitet. Beim Film oder am Theater ist Körpersprache ein entscheidendes Element. Geht es doch dort darum eine Rolle auszufüllen und der dazugehörenden Figur einen, vorgegebenen, Charakter, eine Persönlichkeit zu verleihen. Solche Seminare heißen dann „Führen durch Ausstrahlung" oder „Verkaufen mit Persönlichkeit". Doch im Vertriebsalltag haben wir keine „Rolle", bei der unsere Aktionen und die der „Mitspieler" von vornherein festgeschrieben sind! Wir müssen aus der Situation heraus in „Echtzeit" handeln.

Samy Molcho, der Nestor der Körpersprache, formulierte einmal: „Jede innere Bewegung und jede Empfindung äußert sich durch körperliche Prozesse, die wir als Körpersprache sehen. Deshalb ist für mich der Körper ein Handschuh der Seele!" (2005) Dies ist die poetische Formulierung unserer Aussage, dass sich das jeweils aktive Programm im beobachtbaren Verhalten deutlich manifestiert: Das aktive Programm mit seinen Regeln bestimmt unser Verhalten primär. Vor allem aber ist dieses Bild sehr anschaulich und ausdrucksstark: Der Handschuh folgt den Bewegungen der Hand, jedes einzelnen Fingers problemlos. Wer den Handschuh mit Gewalt von außen bewegt, kann natürlich auch die Finger bewegen, tut er das gegen den Willen des Besitzers der Finger, muss er dabei mit Widerstand rechnen. Bewegung von außen scheitert deshalb oft an diesem Widerstand. Aber auch wenn sich kein bewusster Widerstand regt, nicht jede Bewegung, die der Handschuh zuließe, können die Finger mitmachen.

Nicht anders steht es mit jedem Versuch, Körpersprache zu trainieren, um Einfluss auf Gefühle und Emotionen zu gewinnen. Diese Idee verkehrt Samy Molchos Sicht ins krasse Gegenteil: Das Außen soll das Innen bestimmen, mehr noch, unterdrücken. Doch Gefühle und ihre Wurzel, die durch die Umsetzung der Regeln der Programme frei werdenden Emotionen, leisten genau wie die Finger schnell Widerstand. Der Preis dafür ist der Verlust unserer Authentizität. Wir verkrampfen, unser Verhalten wirkt aufgesetzt. Ganz zu schweigen von der dadurch erschwerten, wenn nicht gar unmöglichen Konzentration auf die Inhalte von Gesprächen und Verhandlungen. Wir Menschen können gleichzeitig nur eine Sache bewusst steuern. Wir sind im strengen Sinne nicht zu Multitasking fähig.

▶ **Tipp** Verzichten Sie auf Selbstinszenierungen der Art „Wirkung durch Stimme und Körpersprache".

Natürlich sind das zwei wichtige Wirkfaktoren. Doch wenn Sie sich zu sehr verstellen und Ihre authentische Wirkung dadurch karikieren, dann erzielen Sie zwar Wirkung – aber garantiert nicht die erhoffte! Es lässt sich manches trainieren, aber weit weniger, als Ihnen die meisten Trainingsprospekte versprechen. Stellen Sie sich einfach vor, Sie besuchen zwei Opernvorstellungen, Wagners „Walküre" und Puccinis „La Boheme". Können Sie sich vorstellen, dass sowohl die kraftstrotzende Brunhilde mit ihrer gewaltigen Stimme als auch die zerbrechliche

Mimi mit ihrer feinen Stimme von derselben Darstellerin glaubhaft verkörpert werden könnten? Wir auch nicht.

> **Wichtig** Der Ansatz der Praktischen Emotionalen Kompetenz bedeutet ausdrücklich nicht den Zwang zur Veränderung, sondern das bewusste Entwickeln und flexible Ausspielen der eigenen Authentizität!

## Literatur

Scheiderbauer AV (2005) Der Körper ist ein Handschuh der Seele, seine Sprache das Wort des Herzens. Interview mit Samy Molcho vom 17 August 2005. http://www.springermedizin.at/fachbereiche-a-z/p-z/zahnheilkunde/?full=5082. Zugegriffen: 19. Dez. 2016

# Werkzeuge: Gehirngerecht fragen     3

▶ **Darum geht es** In diesem Kapitel geht es darum, mit den richtigen
Fragen den Piloten Ihrer Gesprächspartner „einzuschalten". Sie lernen
so, Gespräche und Verhandlungen auf die Sachebene zu lenken. Darüber hinaus erhalten Sie als Nebeneffekt wertvolle Informationen. Mit
„Aktiv Zuhören 4.0" geben wir Ihnen Techniken an die Hand, mit der
Sie Tempo, Richtung, Ziele und Ergebnisse eines Gesprächs unaufdringlich und dennoch wirksam bestimmen.

## 3.1     Was heißt gehirngerecht fragen?

Wie wir im ersten Kapitel gesehen haben, werden alle Reize der Außenwelt von
der Amygdala im Hinblick auf Gefahr oder Bedrohung bewertet. Und das auch
im übertragenen Sinne. Eine Kritik ist genauso ein Angriff, wie ein Faustschlag –
in der Wertung der Amygdala. Mit der Folge, dass der Autopilot sofort reagiert.
Offensiv aggressiv im Dominanzprogramm, defensiv, mit Rechtfertigung, Ent-
schuldigung, betretenem Schweigen und oder Rückzug im Balanceprogramm.
Das sind die wahrscheinlichsten Reaktionen. Wenn jemand gut gestimmt und
„von sich überzeugt" ist, kann Ihr „Angriff" auch ins Lächerliche gezogen und
mit Ironie gekontert oder verharmlost werden. Man kann diese Alternativen als
„natürliche" Reaktionen betrachten.

Auch offene W-Fragen können als Angriff erlebt werden. Mit „Wie wollen Sie
das denn umsetzen?" äußern Sie aus Sicht des Gefragten Zweifel an seiner Kompetenz. Wenn Sie fragen, „Wer denkt sich denn so etwas aus?", tun Sie aus Sicht des
Gefragten das gleiche. Falls Ihnen das in den Sinn kommt, ist das ein Zeichen, dass
Ihr Autopilot am Steuer ist. Damit sind wir bei einem wichtigen Aspekt, der nicht

© Springer Fachmedien Wiesbaden GmbH 2017
W. Schneiderheinze und C. Zotta, *Überzeugen 4.0*,
DOI 10.1007/978-3-658-16291-7_3

nur mit Fragen zu tun hat. Wenn Sie ein sachliches Gespräch wollen, dann müssen Sie dieses Gespräch ernst nehmen und professionell führen. Wenn Ihnen nach Ironie zumute ist, sollten Sie sich fragen, ob Ihnen das Gespräch überhaupt (noch) wichtig ist. Falls nicht, dann lassen Sie es oder belassen es beim Small Talk.

Wenn Sie „natürliche" Reaktionen vermeiden, sondern ein sachliches Gespräch führen und Informationen austauschen wollen, dann müssen Sie unverkennbar eine sachliche Frage stellen, die Ihren Gegenüber zum Nachdenken bringt, deren Antwort er in seinem deklarativen Langzeitgedächtnis sucht oder suchen muss. Weil der Autopilot keine unmittelbare, vorbereitete oder (auswendig) gelernte Antwort parat hat. Alternativen zu den beiden zuvor aufgeführten Beispielen wären etwa „Wie könnte aus Ihrer Sicht die Umsetzung aussehen?" oder „Welche Optionen zur Umsetzung sehen Sie zum jetzigen Zeitpunkt?".

Statt der zweiten Formulierung macht „Das klingt nach einem originellen Ansatz. (Pause) Wie ist die Idee dazu entstanden?" deutlich, dass Sie wirklich neugierig und interessiert sind. Das vorangestellte Lob wirkt, wenn es ehrlich klingt, dank der Pause stimulierend auf die Amygdala Ihrer Gesprächspartner. Umgangssprachlich üblich wäre statt der provozierenden Frage „Wer denkt sich denn so etwas aus?" auch die höfliche Frage „Darf ich fragen, wie lange Sie diese Idee schon verfolgen?". Das ist zwar genau genommen eine andere Frage. Doch nach der Antwort darauf können Sie immer noch nach dem Wer fragen.

Formell ist dies natürlich eine geschlossene Frage. Doch „Darf ich fragen?" gilt umgangssprachlich als reine Höflichkeit. Deshalb kommt in der Regel die offene Frage an: „Wie lange verfolgen Sie diese Idee schon?" Natürlich könnte der Gefragte auch provokant mit Ja oder Nein antworten. Das ist dann ein klares Signal zur Vorsicht! Sie ahnen es, jetzt müssen Sie Ihrem Piloten Zeit geben. Nach „Okay, … das freut mich …" fällt Ihnen auf „Ja" bestimmt die Frage ein „Und wie lautet Ihre Antwort?" Bei „Nein" wäre „Okay … das ist eine ehrliche Antwort …", gefolgt von „Warum nicht?", eine mögliche Fortsetzung. Danach sind Sie entweder ernsthaft im Gespräch oder Sie sollten das Thema wechseln.

Jetzt schauen wir auf den im Vertrieb wichtigsten Einsatzfall gehirngerechter Fragen. Sie haben alles besprochen, der Kunde hat wirkliches Interesse. Jetzt ist es so weit, Sie nennen Ihren Preis. Und was sagt Ihr Interessent?

## 3.2   Zu teuer! Kein Grund zur Panik, sondern Kaufsignal!

Wenn Sie nicht gerade der Aldi oder Lidl Ihrer Branche sind, wo dieses Buch eh nicht gelesen wird, dann nennen Sie Ihren Preis natürlich erst, wenn alles andere besprochen ist und der Kunde deutliche Bereitschaft signalisiert, Ihr Produkt oder

Ihre Dienstleistung zu kaufen. Kurz, es ist alles gut, Sie nennen Ihren Preis – und Ihr Interessent sagt „zu teuer"! Und nun? Schauen wir zunächst, was ein nicht trainierter Verkäufer im Autopilot denkt und oft auch sagt. Im Dominanzprogramm vielleicht „Wir liefern Premiumqualität und die hat ihren Preis!" Rums, jetzt haben Sie es dem Kleingeist aber gegeben. Wohlgemerkt, im Autopiloten! Wenn das Balanceprogramm des nicht Trainierten anspringt, dann klingt das mitleidheischend „Ich kann Sie natürlich verstehen, aber bitte, sehen Sie doch unsere Qualität." Natürlich hat diese Bettelei bei einem Einkäufer genauso wenig Erfolg wie die Arroganz davor. Ab und an gibt es auch Verkäufer, die die Preisdiskussion weltmännisch im Stimulanzsystem abtun wollen. Zum Beispiel mit dem Spruch „Aber Sie wollen schon etwas Besonderes? Oder habe ich Sie da falsch verstanden?" Wenn dieser Verkäufer Glück hat, lächelt der Einkäufer milde und sagt, immer noch freundlich, „netter Versuch." Was also tun, wie gehirngerecht fragen?

- **Die direkte, präzise und ablenkende Was-Frage:** „Was genau ist Ihr Ziel mit dieser Investition?" Diese Frage ist rein sachlich, bleibt beim Verkaufsgespräch und erfordert Nachdenken beim Gegenüber. Spätestens, wenn Sie eine erste Antwort, so sie denn spontan kommt, „entleeren": „Sind das die wichtigsten Kriterien, oder gibt es noch weitere Aspekte?" Natürlich notieren Sie sich die Antworten und überlegen selbst, ob Sie aus diesen Informationen Preisargumente ableiten können. Wenn ja, dann diskutieren Sie die, wenn nein, dann fragen Sie weiter.
- **Die sanfte, beruhigende – und wertschätzende Was-Frage:** „Was ist beim Preis Ihr Vergleichsmaßstab?" Auch diese Frage ist rein sachbezogen und wird auch von Profieinkäufer als legitim gesehen. Diese Antwort liefert Ihnen wichtige Informationen über den Wettbewerb und, Ihre genaue Kenntnis der Stärken und Schwächen Ihrer Wettbewerber vorausgesetzt, wichtige Ansatzpunkte, um Ihren Preis zu verteidigen. Wenn das noch nicht reicht, oder Sie ganz sicher gehen wollen, dann fragen Sie weiter.
- **Die anregende, harmlos klingende – und entscheidende Was-Frage:** „Was außer dem Preis ist für Sie noch entscheidungsrelevant?" Vielleicht konnte Ihr Kunde sich bis hierhin bedeckt halten, doch jetzt muss er Farbe bekennen! Sie erfahren, was ihm wirklich wichtig ist und wo er zu Abstrichen neigt. Jetzt können Sie Ihr Angebot modifizieren und Ihrem Kunden ohne Gesichtsverlust und ökonomisch vertretbar entgegenkommen. Sie können Leistungen weglassen und den Preis reduzieren, oder Zusatzleistungen ohne Aufpreis anbieten. Sie können diese Ideen auch kombinieren, oder mit dem „Chef-Bonus" Ihres Vorgesetzten noch einmal fünf bis zehn Prozent nachlassen – aber nur gegen Unterschrift!

▶     Der Vollständigkeit halber noch eines: Wenn Ihr Interessent antwortet
      „außer dem Preis interessiert mich nichts!" – dann bedanken Sie sich
      höflich für das Gespräch, stehen auf und gehen. Das ist kein Kunde für
      Sie. Gehen Sie zum nächsten Interessenten!

In Seminaren höre ich häufig den Vorschlag einer Was-Frage, die zwar gehirngerecht ist, aber dennoch katastrophale Folgen hat. Fragen wie „Welchen Preis würden Sie denn zahlen?"/„Was gibt denn Ihr Budget her?"/„Welchen Preis muss ich
machen, damit Sie unterschreiben?" Was passiert? Sie signalisieren, dass Sie den
Preis senken! Ohne Not! Wenn der Kunde routiniert ist, verlieren Sie Ihr Gesicht
und Ihre Firma legt drauf. Der routinierte Kunde nennt als Limit üblicherweise
die Hälfte Ihres Preises. Und nun? Nun ist guter Rat teuer.

      Können Sie nachvollziehen, warum „zu teuer" ein Kaufsignal ist? Sie haben
mit Ihrem Gesprächspartner alle Aspekte und Einzelheiten Ihres Angebots
besprochen. Sie haben seine Fragen beantwortet und seine Einwände mit offenen
W-Fragen geklärt. Und Sie haben Ihren Preis erst danach genannt und zwar tatsächlich erst, als Ihr Interessent explizit danach gefragt hat. Aus diesem Grund
wäre ein Vorwand (im Sinne von Ausrede) hier absolut unlogisch. Und, selbst
wenn es so wäre, die zuvor diskutierten Fragen würden ihn entlarven.

      Sie hätten gerne Beispiele für Fragen zu Klärung von Einwänden? Gerne, hier
sind sie.

**Beispiele**

- „Für uns ist kommen nur umweltfreundliche Anlagen in Betracht." Ihre
  Frage: „Wie genau definieren Sie ‚umweltfreundlich' in diesem Fall?"
- „Wir haben hier besonders hohe Anforderungen an Qualität. Ich bin nicht
  sicher, ob Sie das leisten können." Mögliche Fragen Ihrerseits: „Worin
  bestehen diese Anforderungen genau?" Oder, falls das klar ist, fragen Sie
  „Was konkret lässt Sie (jetzt) zweifeln?"
- „Ich sehe keinen besonderen Nutzen für unser Unternehmen." Ihre Frage:
  „Nach welchen Aspekten bewerten Sie Ihren Nutzen?"

Natürlich sollten Sie Ihre Fragen nicht immer so unvermittelt stellen. Sie verhö-
ren Ihren Kunden schließlich nicht. Stellen Sie zum Beispiel ein höfliches „darf
ich fragen" voran. Streng genommen entsteht dadurch eine geschlossene Frage,
doch umgangssprachlich wird diese Höflichkeitsfloskel „überhört" und die darin
verpackte offene Frage wird beantwortet. Sollte doch jemand mit „Ja" oder
„Nein" antworten, ist das ein Alarmsignal, auf das Sie mit den Techniken aus
Kap. 2 souverän und gelassen reagieren. Wenn Sie den Grund für die Spitzfindig-

keit geklärt haben, dann haben Sie entweder wieder ein normales Gespräch, oder Sie haben gute Gründe, es zu beenden.

Andere Verpackungen für Ihre Fragen sind Formulierungen wie „Herzlichen Dank für Ihre Offenheit" oder „Das ist eine berechtigte/verständliche Frage."

Außer den gehirngerechten W-Fragen, die Ihnen helfen, Klarheit über Interessen und Absichten Ihres Kunden zu bekommen, gibt es eine weitere, für Ihr Gespräch sehr nützliche Technik. Sie hilft Ihnen, Gespräche zu steuern, bei Ihrem roten Faden zu bleiben (bzw. zu ihm zurückzukommen) und Ihre Ziele und Ergebnisse konsequent zu verfolgen.

## 3.3     Aktiv Zuhören 4.0

Aktives Zuhören wird ab Mitte der 80er Jahre des vorigen Jahrhunderts als Kommunikation beschrieben, in der die gefühlsbetonte Reaktion eines Gesprächspartners auf die Botschaft eines Sprechers im Mittelpunkt steht. Der amerikanische Psychologe und Psychotherapeut Carl Rogers (1985) hat das aktive Zuhören erstmals als Werkzeug für die klientenzentrierte Gesprächspsychotherapie beschrieben.

Aktives Zuhören, und die zugehörigen therapeutisch motivierten Techniken, wurden in der Folgezeit auf die „normale" Gesprächsführung übertragen. Ein populäres Beispiel hierfür ist die sogenannte „Gewaltfreie Kommunikation" nach Rosenberg. Allerdings sind Ihre Gespräche als Verkäufer eher nüchterne Verhandlungen oder sachliche Beratungsgespräche. Sie wollen Ihre Gesprächspartner gleichermaßen sachlich wie emotional überzeugen und nicht therapieren oder auf esoterischer Ebene feststellen, dass Sie beide so „okay sind, wie Sie sind".

Im Folgenden zeigen wir Ihnen, wie Sie professionell, respektvoll und wertschätzend im Gespräch agieren. Einige dieser Techniken wurden bereits um 360 v. Chr. von Aristoteles in seinem dreibändigen Standardwerk „Techné Rhétoriké" beschrieben. Fragetechniken spielen schon dort eine wesentliche Rolle. Aristoteles sah seine Rhetorik, die Kunst des Überzeugens, als Antwort auf die damals populäre „Überredungskunst" der Sophisten. Diese vertraten die Auffassung, dass man seine Ansicht durch hartnäckiges Überreden am Ende durchsetzt. Vorausgesetzt, man ist dafür wortgewandt genug. Interessanterweise ist diese Auffassung auch heute, fast 2400 Jahre später, noch verbreitet. Das zu ändern ist eine weitere, wichtige Mission unseres Buches.

Unser Aktives Zuhören 4.0 besteht aus fünf unterschiedlich einsetzbaren Fragetechniken. Dass Sie dabei gut zuhören und die gewonnenen Informationen immer ernst nehmen und im weiteren Gesprächsverlauf darauf eingehen, sei hier nur der Vollständigkeit halber erwähnt. Die Anwendung der hier beschriebenen Techniken unterstützt Sie dabei, Gespräche oder Meetings im Sinne Ihrer Gesprächsvorbereitung zu beeinflussen. Gehen Sie immer gut vorbereitet in Gespräche, Meetings oder Verhandlungen. Schriftlich vorbereitet! Notieren Sie Ihre Optionen, Alternativen, Ziele – und Prioritäten. Überlegen Sie sich, wo Sie nachgeben können und was Sie dafür als Gegenleistung verlangen.

Im Folgenden können Sie sich auch davon überzeugen, dass sich wertschätzende und zielführende, ergebnisorientierte Kommunikation keinesfalls ausschließen. Die Techniken beugen Missverständnissen vor und sorgen für eine positive, konstruktive Gesprächsatmosphäre. Doch jede hier besprochene Technik bietet zusätzliche Möglichkeiten. Nämlich Tempo, Richtung und Ziele des Gesprächs in Ihrem Sinne zu beeinflussen.

**Technik 1: Paraphrasieren (Aristoteles, Aussagen mit eigenen Worten wiederholen)**

**Beispiele**

* „Verstehe ich Sie richtig, es geht Ihnen hauptsächlich um ... *(Ihre Formulierung)?*"
* „Sagen Sie damit, Sie sehen in ... *(Ihre Formulierung)* ... die zentrale Aufgabe?"
* „Heißt das, Sie könnten sich vorstellen, dass wir mit ... *(Ihre Formulierung)* beginnen?"
* „Dieser Punkt ist mir wichtig und ich möchte Sie richtig verstehen. Geht es Ihnen um ...?"
* „Das ist ein interessanter Aspekt! Darf ich mir das so vorstellen, dass ...?"

Diese Beispiele sind Anregungen, mit welchen Fragen Sie paraphrasieren können. Natürlich müssen Sie „Ihre" Sprache finden. Wichtig ist dabei, dass Sie Ihre Formulierungen verinnerlichen. Ihre Art zu fragen, und das gilt nicht nur hier, muss in Ihrem Autopiloten fest verankert werden. Nur dann können Sie Ihre Fragen auch in schwierigen Gesprächen jederzeit abrufen!

Was können Sie nun über die eingangs genannten positiven Effekte auf Ihr Gespräch mit Paraphrasieren erreichen? Sie stellen eine geschlossene Frage, die Zustimmung oder Verneinung erfordert. Ihre Frage ist sachbezogen und nicht trivial. Die Wahrscheinlichkeit ist hoch, dass der Gefragte zumindest kurz überlegt. Doch selbst, wenn er Ihre Frage antizipiert hat, er muss antworten und das Gespräch ist für einige Sekunden unterbrochen. Das gibt Ihnen die Chance, eine weitere, diesmal offene Frage zu stellen, die das Gespräch in die von Ihnen gewünschte Richtung lenkt. Wenn Sie darauf vorbereitet sind! Eine Checkliste zur Vorbereitung von Gesprächen, Meetings und Verhandlungen finden Sie im Anschluss an die Techniken des Aktiven Zuhörens am Ende von Abschn. 3.3. Grundsätzlich können Sie jede der zuvor genannten Formulierungen zum Paraphrasieren nutzen. Doch wenn Sie geübt darin sind, können Sie Ihre Frage sogar an das aktive Programm Ihres Gegenübers anpassen.

Die beiden sehr kurzen Formulierungen der zweiten und dritten Frage kommen dem Dominanzprogramm entgegen. Hier werden kurze, präzise Fragen geschätzt. Die anderen Formulierungen könnten als langatmig gesehen werden und Unmut wecken.

Die erste und auch die vierte Formulierung zielen eindeutig auf Klärung und bedienen damit besonders das Klärungsprogramm. Die vierte Formulierung zeigt außerdem das Interesse an einer positiven Beziehung zum Angesprochenen, bedient damit ein Grundbedürfnis des Balanceprogramms. Und das Stimulanzprogramm? Das ist für Lob besonders empfänglich, wie zum Beispiel in der letzten Formulierung.

Nun zurück zu den Wirkungen dieser Technik. Mit Paraphrasieren können Sie auch den Gesprächsfluss von Vielrednern unterbrechen! Denn wie der Volksmund weiß, eine Frage ist keine Klage. Wenn Sie zum Thema des Vielredners fragen, sieht dessen Amygdala das nicht als Angriff. Da er, so mitten im Redefluss, kaum mit Ihrer Frage rechnet, muss er sich sein „Ja" oder „Nein" zumindest kurz überlegen. Vor allem, er kommt aus dem Redefluss und muss überlegen „wo war ich gerade". Das ist Ihre Chance, das Thema zu wechseln – mit einer offenen Frage! Hierfür gibt es eine spezielle Fragetechnik, das „Weiterführen", die wir als dritte Technik besprechen.

Vorher schauen wir uns eine zweite Stopptechnik an, die große Schwester oder den großen Bruder des Paraphrasierens.

**Technik 2: Zusammenfassen (Gesprächsabschnitt in eigene Worten fassen)**

**Beispiele**

- „Wenn ich Sie bis hierhin richtig verstanden habe, dann … *(Zusammenfassung)?"*
- „Sagen Sie damit, dass … *(Zusammenfassung)?"*
- „Heißt das, Ihnen geht es in erster Linie um … *(Zusammenfassung)?"*
- „Findet es Ihre Zustimmung, wenn ich heraushöre … *(Zusammenfassung)?"*
- „Das sind ja wichtige Zusammenhänge! Bedeutet das … *(Zusammenfassung)?"*

Auch beim Formulieren Ihrer Zusammenfassung können Sie die einzelnen Programme gezielt adressieren. Der Einfachheit halber haben wir die gleiche Zuordnung wie beim Paraphrasieren gewählt. Wie Sie sehen, können Sie hier genauso, zumindest aber sehr ähnlich formulieren.

Die Wirkung ist sogar die gleiche. Sie halten das Gespräch oder das Meeting an. Der Unterschied besteht darin, dass diese Technik etwas anspruchsvoller als Paraphrasieren ist. Dort picken Sie sich wie auf einem vorbeilaufenden Förderband eine Aussage heraus, die sich zum Paraphrasieren eignet. Beim Zusammenfassen müssen Sie das „Förderband" länger und geduldiger beobachten. Sie müssen sich die Aussagen, die Ihnen wichtig sind, merken und einen geeigneten Moment zum Zusammenfassen abpassen. Da aller guten Dinge drei sind, machen Sie spätestens nach drei Punkten Schluss. Und zwei reichen auch, denn weniger ist auch hier mehr.

Doch die größere Anstrengung wird auch belohnt! Denn durch Zusammenfassen rücken Sie die Themen in den Fokus, die Ihnen wichtig sind. Das hilft bei Ihren Notizen und auch beim Protokoll, wenn dieses geführt wird.

Und auch hier eröffnet Ihnen die kurze Pause eine Option zum unauffälligen Themenwechsel.

Bevor wir mit der folgenden Technik darauf eingehen, betrachten wir noch einmal die Situation nach Ihrer geschlossenen Frage bei Paraphrasieren bzw. Zusammenfassen. Wenn der Gefrage mit Ja antwortet, können Sie mit weiteren Fragen die Initiative des Gespräches übernehmen. „Weiterführen" ist nur eine Möglichkeit. Sie können auch weitere Verständnis- oder Klärungsfragen stellen.

Lautet die Antwort Nein, so lassen Sie sich von Ihrem Gegenüber seine Sicht der Dinge (noch einmal) darstellen. Sie gewinnen Zeit und nützliche Informationen.

**Technik 3: Weiterführen (zeitlich oder inhaltlich einen neuen Aspekt ansprechen)**

**Beispiele**
- „Mit … sind Sie also zufrieden. Wann …?"
- „Was würde sich ändern, wenn wir statt …?"
- „Was halten Sie von folgender Idee? Wir …"
- „Ich bin mir jetzt nicht sicher. Könnten Sie sich also vorstellen …?"
- „Was sich denn mit Einführung von … verändert?"

Weiterführen fällt Ihnen umso leichter, je besser Sie auf das Gespräch oder Meeting vorbereitet sind! Klären und notieren Sie vorab konkret: Was ist wünschenswert, was ist realistisch erreichbar, was ist unverzichtbar (Ziele), was können Sie zugestehen, was können Sie anbieten, welche Kompromisse sind denkbar (Spielraum)?

Wenn Sie diese Aufstellung haben, dann notieren Sie sich offene, gehirngerechte Fragen, mit denen Sie Ihre Ziele und Spielräume elegant und scheinbar
ganz nebenbei ins Spiel bringen können. So entsteht ein Manuskript, das Sie in
Meetings und Verhandlungen stets zurate ziehen können. Aber auch in Zweier-
gesprächen können Sie auf Stichpunkte in Ihrem Notizbuch zurückgreifen. Der
Königsweg bleibt trotzdem das Einprägen möglicher gehirngerechter Fragen.
Denn, auch wenn es Ihnen gelingt, sich die Zeit zum Nachdenken zu verschaffen,
mehr als einfache Fragen fallen Ihnen ohne Vorbereitung kaum ein.

Der Schlüssel zum Erfolg in Gesprächen und Verhandlungen liegt gleichermaßen in Vorbereitung und anwendungsbereitem Beherrschen von Gesprächstechniken, wie wir sie in diesem Buch vorstellen. Im ersten Kapitel haben wir gesehen,
dass Dominanz im positiven Sinn von Zielstrebigkeit und pragmatischer Ergebnisorientierung dann entsteht, wenn Sie genau wissen, was Sie wollen und von den
Optionen, dieses auch zu erreichen, zutiefst überzeugt sind.

Mit den drei bisher besprochenen Techniken können Sie jedes Gespräch, jedes
Meeting und jede Verhandlung in Ihrem Sinne beeinflussen. Sie kontrollieren
Tempo und Richtung mit berechtigten, als wertschätzend empfundenen Fragen.
Die folgende Technik hilft Ihnen, wenn Gespräche oder Verhandlungen sich fest-
fahren, wenn Befindlichkeiten und Gefühle die Oberhand über Inhalte und Ziele
gewinnen.

**Technik 4: Verbalisieren (bewusst Gefühle offen ansprechen)**
Auch diese Technik wurde schon von Aristoteles ausführlich beschrieben. Er ver-
trat schon vor rund 2500 Jahren die Auffassung, dass es kaum möglich ist, sachlich zu diskutieren, wenn starke Emotionen und Gefühle im Spiel sind. Seinem
Rat, erst die Gefühle zu klären, bevor man in der Sache weitergeht, schließen wir
uns gerne an.

**Beispiele**

- „Ich könnte gut verstehen, wenn Sie verärgert wären. Ist das so?"
- „Kann ich das als Zustimmung werten?"
- „Was enttäuscht Sie an meinem Vorschlag?"
- „Können Sie sich in meine Situation versetzen?"
- „Wie würden Sie sich fühlen, wenn ich Ihnen einen solchen Vorschlag
  machte?"

Wie geht es Ihnen mit diesen Fragen? Rebelliert Ihr Autopilot? Das wäre absolut nachvollziehbar. Schließlich ist er auf „bekämpfen", „flüchten" oder „ignorieren" programmiert. In den vorherigen Beispielen stellen Sie sich einem von Ihnen

erkannten bzw. vermuteten emotionalen Problem, einem Widerstand auf der Gefühlsebene. Sie überstimmen Ihren Autopiloten und Ihr Pilot erhält die Chance zur Klärung.

Spätestens mit dem durch diese Betrachtung erreichten Abstand, wird Ihnen die Stimme Ihres Piloten sagen, dass dieser Ansatz richtig ist. Störungen auf der Gefühlsebene verhindern jede sachlich konstruktive Auseinandersetzung. Soweit „Verbalisieren" aus Sicht des Aktiven Zuhörens. Doch Aristoteles beschrieb noch eine weitere Anwendungsmöglichkeit dieser Technik. Einen großen Teil seiner Ausführungen über das Verbalisieren widmete er der Möglichkeit, Emotionen gezielt zu wecken, starke Gefühle verbal zu provozieren. Die deutsche Aufklärung hat das strikt abgelehnt und als Manipulation verurteilt.

Indem wir Ihnen hier diese kommunikative Option vorstellen, habe Sie die Chance, selbst zu entscheiden, ob und in welchem Maße, diese Technik für Sie akzeptabel ist.

**Beispiele**

- „Würden Sie das genauso sagen, wenn ich nicht dabei wäre?"
- „Was würden Sie denn machen, wenn ich damit zur Konkurrenz gehe?"
- „Können Sie sich an … erinnern? Wissen Sie noch, wie es Ihnen damals ging?"
- „Wie erklären Sie das Ihrem Chef?"
- „Was sagen Ihre Kunden, wenn das bekannt wird?"
- „Was macht Sie so sicher, dass die Revision das nicht aufdeckt?"
- „Wer, glauben Sie, wird der Sündenbock, wenn das vor Gericht geht?"
- „Wie lange arbeiten wir jetzt eigentlich zusammen, Herr Schmidt?"
- „Wann habe ich Sie das letzte Mal enttäuscht?"
- „Was wird Ihr Chef sagen, wenn Sie diesen riesigen Auftrag holen?"

Was sagt Ihr Autopilot zu diesen Fragen? Nun, Ihr Dominanzprogramm erkennt sofort die Chancen, mit der indirekten, aber dennoch unmissverständlichen, Ansprache von Emotionen Druck auszuüben. Oder auch, wie in den drei letzten Beispielen, aus positiven Emotionen der Vergangenheit oder der Zukunft in der Gegenwart Kapital zu schlagen.

Ihr Balanceprogramm wird diese Beispiele, abgesehen von den letzten drei, möglicherweise kritisch sehen, im Unterbewusstsein fragen, ist das fair? Vielleicht helfen hier klärende Fragen, wie „ist ein Olympiasieger unfair, weil er besser trainiert hat, sich vielleicht im Hochgebirge vorbereitet hat?" Mit diesem Buch und mit jedem Verkaufstraining geht es um nichts anderes. Sie wollen besser trainiert und besser vorbereitet sein als die Konkurrenz und Ihre Kunden!

Wenn Sie zu wenig Aufträge holen, geht es Ihrem Unternehmen, Ihnen selbst und Ihrer Familie wirtschaftlich nicht gut. Es ist also Ihre Aufgabe, Kunden dahin gehend zu beeinflussen, dass sie bei Ihnen kaufen. Dass Ihre Kunden die Preise zahlen, die Sie und Ihr Unternehmen brauchen. Punkt.

Ihr Klärungsprogramm wird diese Beispiele für emotional wirksame Fragen dahin gehend prüfen, welche der Fragen zu Ihnen, Ihrem Unternehmen – und, natürlich zu Ihren Kunden passen. Und welche warum nicht. Es werden auch Fragen aufkommen, wie „Wie kann ich Fragen so modifizieren, dass sie besser passen?" Im Ergebnis entsteht dann Ihre, auf Ihre Bedürfnisse und Anforderungen zugeschnittene Liste solcher Fragen.

Sehen Sie die vorherigen Fragen ganz einfach als Anregungen und Beispiele, wie Sie bei Bedarf gezielt Emotionen ins Spiel bringen!

Damit sind wir auch schon beim Stimulanzprogramm. Das verleiht Ihnen die Kreativität, die Sie brauchen, um Ihre Fragen zu formulieren. Wenn Sie mit Lockerheit und Ideenreichtum Ihren individuellen Fragenkatalog entwickeln – und in Ihrer täglichen Praxis erproben!

**Technik 5: Abwägen (Alternativen geben und den Gegenüber bewerten lassen)**
Diese Technik kennen Sie vielleicht schon aus einem Vertriebstraining. Wir haben Abwägen einerseits der Vollständigkeit halber aufgenommen, aber auch, um Sinn und Ziele dieser Technik in unserem Kontext von Pilot und Autopilot mit Ihren vier Programmen herauszuarbeiten.

Beim Abwägen (lassen) stellen Sie ganz bewusst offene Fragen, mit denen Sie Ergebnisse (auch Zwischenergebnisse) vorbereiten. Voraussetzung hierfür ist, dass Sie Bedarf, Anforderungen und Zeitplan des Kunden geklärt haben – und sich dazu seine explizite Zustimmung mittels Paraphrasieren oder Zusammenfassen geholt haben. Falls nach dieser Klärung mehr als eine Lösungsmöglichkeit verbleiben, hilft Ihnen Abwägen dabei, eine für Sie positive Entscheidung zu bekommen. Sie lassen Ihrem Kunden die Wahl zwischen zwei für Sie günstigen Varianten. Wenn Sie aus dem Gespräch die richtigen Schlüsse gezogen haben, wird er sich kaum für ein weder noch entscheiden. Mit offenen Fragen bereiten Sie das Ergebnis (auch ein Zwischenergebnis) vor:

**Beispiele**
- „Geht es Ihnen eher um … oder …?"
- „Hat für Sie …Priorität, oder …?"
- „Haben Sie mit … oder … bessere Erfahrungen?"
- „Würde aus Ihrer Sicht … reichen oder …?"
- „Könnten wir auch mit … starten? Oder ist für Sie … dringender?"

Egal, wie die Antwort ausfällt, Ihre nächste Frage könnte nun in allen Fällen
lauten:

• „Wunderbar! Darf ich Ihnen mit diesen Informationen ein exakt auf Ihre
  Anforderungen (Bedürfnisse) zugeschnittenes Angebot erstellen?"
• „Aus meiner Sicht haben wir jetzt alles besprochen. Wie ist das für Sie?"

Zustimmung: Dann fragen Sie analog oben.
Noch Fragen offen: Diese klären und dann bezüglich Angebot fragen.

Am Anfang und an anderen kritischen Punkten eines Gesprächs können Sie so
auch die Richtung und Prioritäten abstimmen. Dann setzen Sie das Gespräch im
Sinne der Antwort Ihres Gesprächspartners fort. Abwägen ist damit ebenfalls
eine Technik, mit der Sie Gespräche „weiterführen". Der entscheidende Aspekt
sind jedoch die Informationen zu Anforderungen und Schwerpunkten Ihres
Gesprächspartners.

Die hier aufgeführten Beispiele für Fragen sind für Gesprächspartner, die
dominant auftreten, ebenso geeignet wie für um Klärung Bemühte. Verläuft Ihr
Gespräch harmonisch in Balance, dann bietet sich eine vorbereitende „Verpa-
ckung" Ihrer Fragen an. Zum Beispiel „darf ich fragen, ob …" oder „damit ich
Ihr Anliegen besser verstehe, wüsste ich gerne, wo(rin) …".

Bei einem anregenden, stimulierenden Gesprächsverlauf können Sie natürlich,
wie zuvor, direkt fragen. Allerdings, Anerkennung können Sie kaum zu viel zeigen. Etwa mit einleitenden Worten wie „das ist ja interessant (originell)! …" oder
„Damit Sie ohne Umweg die beste Lösung bekommen, frage ich Sie direkt: …".
Eine Formulierung, die auch im Dominanzprogramm positiv aufgenommen wird.

Mit gehirngerechtem Fragen und Aktiv Zuhören 4.0 haben Sie ein wirksames,
vielseitig einsetzbares Repertoire an Fragetechniken. Formulieren Sie Ihre Fragen
stets höflich, wertschätzend und bestimmt. Bauen Sie zunächst Ihre bevorzugten
Techniken in Ihren Alltag ein. Am Anfang müssen Sie das bewusst tun. Doch mit
jedem Erfolgserlebnis und jeder Erfahrung werden Ihnen die Techniken, die zu Ihren
persönlichen Wertvorstellungen passen, dauerhaft in Fleisch und Blut übergehen. Sie
werden ganz selbstverständlich den Piloten Ihrer Gesprächspartner aktivieren, oder
Ihre Fragen automatisch auf deren aktives Verhaltensprogramm abstimmen.

▶   Für den Volksmund ist „Reden Silber und Schweigen Gold". Wir fügen
    hinzu: „Fragen ist Platin!"

Nachdem wir uns nun mit Gold und Platin ausführlich beschäftigt haben, kommen wir in Kap. 4 zum dritten Edelmetall der Kommunikation, dem gekonnten und überzeugenden Sprechen und Schreiben.

Für Ihre Erfolgserlebnisse liegt neben Ihrem Üben der zweite Schlüssel in der Vorbereitung von Terminen, Gesprächen oder Verhandlungen. Damit reduzieren Sie die Wahrscheinlichkeit, mit Überraschungen konfrontiert zu werden und in kritische, Stress auslösende Situationen zu kommen. Die folgende Checkliste mit Fragen hilft Ihnen, sich auf wichtige Gespräche umfassend vorzubereiten. Das gibt Ihnen die Sicherheit, wenn es ernst wird, die richtigen Fragen zum richtigen Zeitpunkt zu stellen.

**Checkliste Gesprächsvorbereitung**
- Was ist meine Rolle?
- Welche Ziele/Wünsche/Interessen/Sorgen/Ängste habe ich?
- Was ist meine Mission? Was will ich erreichen?
- Versetzen Sie sich in Ihren Gesprächspartner:
  - Seine Ziele/Wünsche/Interessen/Sorgen/Ängste?
  - Welche gemeinsame Ziele/Interessen haben Sie?
  - Welche Ihrer Ziele/Interessen widersprechen sich nicht?
  - Wie lassen sich Interessen Ziele/Interessen ausgleichen?
  - Welche übergeordneten Interessen gibt es?
  - Welche Ergebnisse sind denkbar, worauf könnten sie sich einigen?
  - Was passiert, wenn das Gespräch ergebnislos/negativ ausgeht?
- Meine Argumente?
- Meine Fragen?!
- Meine Zweifel? – Weswegen? Warum?

## Literatur

Rogers C (1985) Die nicht-direktive Beratung. Counseling and Psychotherapy. Fischer, Frankfurt a. M.

# Werkzeuge: Sprache, die bewegt und dadurch überzeugt

# 4

▶ **Darum geht es** Jedes unserer vier Programme hat eine eigene Sprache, mit bevorzugten Bildern und Metaphern. Auch die Präferenzen für aktive oder passive Formulierungen sowie Konjunktiv und Imperativ unterscheiden sich deutlich. In diesem Kapitel erfahren Sie, wie sich in der Sprache Ihres Gegenübers dessen aktives Verhaltensprogramm manifestiert. Vor allem aber geht es darum, wie Sie mit Ihrer Wortwahl gezielt Programme ansprechen oder aktivieren. Denn im Wortsinn überzeugen können Sie nur, wenn Sie den Pilot erreichen. Im Autopilot müssen Sie eines der Programme emotional wirkungsvoll treffen. Nur dann fallen Ihre Argumente auf fruchtbaren Boden – und überzeugen.

Menschen fühlen und denken in Bildern. Wenn das, was wir hören oder sehen, kein Bild erzeugt, verliert der Autopilot sofort das Interesse. Ob sich dann unser Klärungsprogramm einschaltet, hängt davon ab, wie wichtig wir den Absender der Aussage einschätzen. Das gilt gleichermaßen für Gespräche, Telefonate oder E-Mails.

Was kommt Ihnen in den Sinn, wenn Sie sich die folgenden Formulierungen lesen, die sinngemäß das Gleiche aussagen: Wir werden jetzt „den Stier bei den Hörnern packen", „das Problem direkt angehen" oder „in medias res gehen"? Auch wenn der Bildungsstand durchaus eine Rolle spielt, das alte martialische Bild vom Stier, der bei den Hörnern gepackt wird, erzeugt das stärkste und wirkungsvollste Gefühl, dass „es jetzt losgeht; jetzt etwas passiert". Die beiden anderen Formulierungen sind abstrakter. Dadurch dauert es länger, bis ein Bild entsteht, wenn dies überhaupt passiert. Im Umkehrschluss erhöht sich dabei die Wahrscheinlichkeit, dass der oder die Zuhörer Fragen stellen – weil sie versuchen, das Bild zu klären. „Welches Problem? Wer geht es an? Wer ist verantwortlich?"

© Springer Fachmedien Wiesbaden GmbH 2017
W. Schneiderheinze und C. Zotta, *Überzeugen 4.0*,
DOI 10.1007/978-3-658-16291-7_4

Wenn Sie eine Botschaft formulieren, müssen Sie sich darüber im Klaren sein, ob Sie tatsächlich Handlungsimpulse setzen – oder zum Nachdenken anregen wollen. Starke Bilder wecken starke Emotionen und manchmal auch hohe Erwartungen. Wenn Sie das Problem also lediglich adressieren können, weil Sie noch keine Lösung haben, dann formulieren Sie vorsichtig.

Für wichtige Aussagen und Fragen gilt also: Erst Nachdenken – und dann handeln. Deshalb auch das Wortspiel in der Überschrift dieses Kapitels: Worte haben Macht, wenn wir mit Ihnen einen Punkt machen.

Hierfür nehmen wir eine Anleihe bei den Autoren von Werbebotschaften.

## 4.1     Die vier Textfunktionen in der Werbung

Besonders in der Werbung werden Aussagen bewusst formuliert, um Leser und Zuhörer für ein Produkt zu gewinnen. Dabei unterscheidet man vier Funktionen, die eine Aussage erfüllen kann.

- **Mitteilung:** knappe Fakten (das **Was** bzw. **Wann,** benutzt und erwartet in Dominanz)
- **Erlebnis:** Ideen, Visionen und Begeisterung (das **Wie,** benutzt und erwartet in Stimulanz)
- **Beziehung:** Vertrauen, Tradition, Sympathie, Gefühle (das **Warum,** benutzt und erwartet in Balance)
- **Nachweis:** Zahlen, Daten, Fakten (das **Was, Wie, Warum, Wann,** benutzt und erwartet in Klärung)

Aus dem Blickwinkel der vier Programme sind Ihnen diese vier Funktionen sicherlich bereits durchaus vertraut.

---

**Beispiel**

„Unsere *(Adjektiv)* Angebote …"

Adjektive: *herausragenden, einmaligen, sofort verfügbaren, fairen, nachhaltig produzierten, transparenten, ab 15. Mai ab Werk lieferbaren*

Mit der unterschiedlichen Wahl der Eigenschaftsworte verändern sich die Aussagen ganz erheblich. Wie Sie sicherlich erkannt haben, gehören die Eigenschaftsbegriffe in der Reihenfolge zu den Programmen Dominanz, Stimulanz, Balance und Klärung. In jedem dieser Programme benutzen wir typische Signalworte, die dieses Programm beim Sprechen anzeigen. Darüber hinaus sprechen die Begriffe beim Zuhörer das entsprechende Programm bevorzugt an; d. h. Ihre Aussagen können bewirken, dass Ihr Zuhörer oder Ihre Zuhörerin Ihnen folgen und genau dieses Programm bei Ihnen aktiviert wird. In der Fachsprache sind wir in der Wahl der benutzten Substantive und damit unserer Ausdrucksweise eingeschränkt. Bei der Wahl der beschreibenden Adjektive sind wir dagegen deutlich freier.

Tab. 4.1 gibt Beispiele für typische sprachliche Bilder der einzelnen Programme. Nutzen Sie die Übersicht als Anregung, um daraus auf Ihr Fachgebiet abgestimmte überzeugende Aussagen abzuleiten und natürlich zu trainieren.

An dieser Aufstellung sehen Sie deutlich, wie sich die emotionale Wirkung einer Aussage mit durch das gewählte Adjektiv ändert. Bedienen Sie sich hier, um Emotionen bewusst anzusprechen. Auch wenn vor allem Adjektive eine zentrale Rolle spielen, wenn Sie ein bestimmtes Verhaltensprogramm verbal adressieren, müssen Sie umgekehrt weitere Signalwörter kennen, um das aktive Verhaltensprogramm Ihres Gegenübers richtig einzuschätzen.

Diese Begriffe oder Formulierungen können Sie natürlich auch bewusst einsetzen, um sich im Gespräch dem aktiven Verhaltensprogramm Ihres Gesprächspartners anzuschließen. Hierfür gibt Ihnen Tab. 4.2 einige nützliche Anregungen.

**Tab. 4.1** Beispiele für sprachliche Bilder der einzelnen Programme

| Aussage | Dominanz | Stimulanz | Balance | Klärung |
|---|---|---|---|---|
| Eine … Vertragsänderung | überfällige | zeitgemäße | vorsorgliche | rechtlich begründete |
| Wir blicken … nach vorn | selbstbewusst | optimistisch | gemeinsam | solide vorbereitet |
| Wir bleiben … an der Sache | konsequent | interessiert | kontinuierlich | gründlich |
| Unser … Service | effizienter | brillanter | persönlicher | zertifizierter |
| Ein … Produkt | marktführendes | beliebtes | vertrautes | erprobtes |
| Ein … Konzept | revolutionäres | spannendes | bewährtes | modulares |
| Unsere … Qualifizierung | fordernde | moderne | fördernde | systematische |
| Unsere … Angebote | einzigartigen | einmaligen | fairen | transparenten |
| Eine … Aussage | markante | inspirierende | ermutigende | logische |
| Unsere … Ergebnisse | herausragenden | eindrucksvollen | ehrlichen | messbaren |
| Eine … Leistung | bestechende | großartige | hilfreiche | reproduzierbare |

**Tab. 4.2** Beispiele für Signalworte der einzelnen Programme

| Dominanz | Stimulanz | Balance | Klärung |
|---|---|---|---|
| Gewinnen | Neugier | In Ruhe wirken lassen | Fakten |
| Resultate | Spaß | Sie haben Zeit | Daten |
| Das Feld anführen | Humor | Vertrauen Sie mir | Zertifikat |
| Herausforderung | Offenheit | Das hilft uns beiden | Analyse |
| Das Beste | Ich empfinde | Schritt für Schritt | Abschätzung |
| Der Erste | Großartig dastehen | Garantie | Geprüft und |
| Vorteile | Man wird Sie beneiden | Verlässlichkeit | getestet |
| Unter dem Strich | Kaum zu glauben | Sicherheit | Information |
| Sofort, jetzt, heute | Stellen Sie sich vor | Vertrauen | Transparenz |
| Zeichen setzen | Abwechslung | Geborgenheit | Klarheit |
| Mut | Extravaganz | Empathie | Prüfung |
| Durchsetzung | Mode | Fürsorge | Nachweis |
| Macht | Individualität | Versprechen | Modularer Aufbau |
| Elite | Spontanität | Ich bin für Sie da | Nachdenken |
| Status | Kreativität | Wie besprochen | Logik |
| Autonomie | Fantasie | Tradition | Ordnung |
| Kampf | Leichtigkeit | Natur | Pflicht |
| Sieg | Flexibilität | Heimat | Sparsamkeit |
| Effizienz | Toleranz | Bodenständig | Funktionalität |
|  |  |  | Effektivität |

Mit den Formulierungsbeispielen aus den beiden Tabellen können Sie wichtige Aussagen in der Sprache des von Ihnen bewusst adressierten Programms formulieren. Welches Programm zweckmäßig ist, richtet sich danach, was genau Sie mit Ihrer Aussage erreichen wollen: Geht es Ihnen um Mitteilung, Erlebnis, Beziehung oder Nachweis?

Stellen Sie sich in kritischen Situationen stets die Frage: Was ist für mein Anliegen in dieser Situation mit diesem Gegenüber angemessen und zielführend? Eine schnörkellose Mitteilung, ein stimulierendes Erlebnis, die Festigung oder den Aufbau einer Beziehung oder der Nachweis, dass sich Ihr Angebot rechnet – was passt genau jetzt?

## 4.2    wort.macht.punkt. – So überzeugen Sie!

Bevor wir das Thema weiter vertiefen, wie es Ihnen gelingt, inhaltlich und emotional überzeugend zu formulieren, erhalten Sie noch sieben einfache und dabei äußerst wirksame Regeln für Botschaften, die wirken und etwas bewirken.

1. Zielgruppe klären
2. Rolle klären
3. Mission klären
4. Sprachliche Bilder entwickeln
5. Programm(e) zur Unterstützung des Anliegens festlegen
   - *Welche Programme des Autopiloten helfen*
   - *Wollen wir den Piloten ansprechen?*
6. Botschaft in der Sprache des Programms/der Programme formulieren
7. *Rhetorische Grundlagen*
   - *Max. 5 bis 6 Wörter ohne Pause*
   - 3 bis 4 s Pause nach Sätzen/Aussagen
   - *Satzzeichen sprechen:./!/?*
   - *Keine Füllwörter*
   - *Kein Konjunktiv – es sei denn, er ist wichtig!*

Am besten lassen sich Einsatz, Sinn und Zweck dieser Regeln an einem Beispiel demonstrieren. Damit es authentisch bleibt, besprechen wir die Kommunikations-regeln an einem Beispiel aus unserer eigenen Berufspraxis. Im konkreten Fall geht es um eine Trainingsmaßnahme für 250 Mitarbeiter aus dem Vertrieb eines markt-führenden Anbieters hochwertiger Dienstleistungen. Beim angesetzten Termin nehmen der Vertriebsleiter und der Personalentwickler des Unternehmens teil.

Dieser Termin kam durch eine telefonische Kaltakquise beim Vertriebsleiter zustande. Unternehmen, Position und Name haben wir aus XING entnommen. Die Telefonnummer bekamen wir von der Zentrale. Im dritten Telefonat mit dem Vertriebsleiter kam er auf die geplante Trainingsmaßnahme im Zusammenhang mit der strategischen Neuausrichtung von Unternehmen und Vertrieb zu sprechen. Dabei erwähnte er, dass bereits Anbieter angesprochen worden seien und auch schon Angebote vorlägen, er aber durchaus offen für Neues sei. Dass er bei die-sem kurzfristig arrangierten Termin den Personalentwickler dabeihaben wollte, zeigt sein ernsthaftes Interesse.

Im Termin haben wir die Möglichkeit, unser Konzept für das nachhaltige Trai-ning seiner Mannschaft vorzustellen. Unseren Gesprächspartnern schwebt eine kontinuierliche Begleitung durch Kombination von Präsenztraining und Online-angeboten über den Zeitraum eines Geschäftsjahres vor. Als Hauptziele die-ses Blended Learning wurden dabei die Verbesserung der Akquisetätigkeit, der Abschlussstärke und der Fähigkeit zur emotionalen Kundenbindung genannt.

Der Vertriebsleiter hat einen Master-Abschluss in BWL. Er hat sich in den letzten acht Jahren vom Assistenten im Vertriebsinnendienst hochgearbeitet. Der

Personalentwickler ist Jurist und kam vor drei Jahren von einem internationalen Konzern in das mittelständische Familienunternehmen.

Mit diesen einleitenden Informationen machen wir uns jetzt daran, die bereits genannte Checkliste am Ende von Abschn. 3.3 für unsere Vorbereitung abzuarbeiten.

**Vorbereitung des Kundentermins nach unserer Checkliste**

1. **Zielgruppe:** Unsere Ansprechpartner sind erfahrene Führungskräfte, für die Zeit Geld bedeutet. Sie wollen kurz und prägnant erfahren, ob und, wenn ja, wie wir in der Lage sind, ihre Anforderungen zu erfüllen. Wir müssen schnell Interesse wecken und zeigen, dass es sich lohnt, sich unser Angebot anzuhören.

2. **Rolle:** Da wir den Vertriebsleiter am Telefon überzeugen konnten, treten wir nicht als Außenseiter an, sondern haben gute Chancen. Der Vertriebsleiter ist gegenüber dem Personalentwickler sogar unser Verbündeter. Es ist auch in seinem Sinne, wenn wir seinem Kollegen zeigen, dass dieser Termin sich lohnt.

3. **Mission:** Wir dürfen und wollen zeigen, was uns auszeichnet, was uns abhebt und dadurch attraktiv macht. Wichtig ist vor allem, wie wir nachhaltigen Kompetenzaufbau sicherstellen.

**Achtung:** Da wir noch nie für das Unternehmen gearbeitet haben, dürfen und müssen wir Fragen stellen! Es wäre gefährlicher Leichtsinn, die Präsentation rein auf die vorab angestellten Überlegungen und Recherchen abzustellen. Wir müssen zunächst erfahren, worin genau die neue Strategie besteht, wie die Mitarbeiter darauf vorbereitet sind, was bereits an Vertriebstrainings absolviert wurde und wenn möglich, was bisher an Angeboten auf dem Tisch liegt. Auf das Thema „Fragen zur Bedarfsermittlung" gehen wir später noch einmal speziell ein. Deshalb bleiben wir an dieser Stelle bei der Entwicklung unserer Botschaften.

Nun gilt es, diese Informationen und Hintergründe in sprachlichen Bildern umzusetzen. Dabei geht es noch nicht um die konkrete Formulierung! Beispiele für bildhafte Formulierungen, die Leser oder Zuhörer sich gut vorstellen können, finden Sie in der folgenden Aufstellung.

4. **Sprachliche Bilder entwickeln:**
   - *Wer sind wir:*
     - „Wir sind ein kleines, aber feines Trainingsunternehmen."
     - „Wir trainieren gehirngerecht und wissenschaftlich fundiert."
     - „Unser Onlineangebot entstand in Zusammenarbeit mit einer renommierten Hochschule."

- *Wie arbeiten wir:*
  - „Für uns ist Kommunizieren ein Handwerk."
  - „Wir entwickeln Kompetenz durch handwerkliche Sicherheit im Umgang mit praktischen Werkzeugen der Kommunikation."
  - „Bei uns hat jedes Was und Wie auch ein Warum."
  - „Übung macht den Meister!"
- *Unsere Philosophie:*
  - „Motivationsreden und gute Ratschläge führen zu guten Vorsätzen, und die führen zu ... nichts!"
  - „Verstandene und durch Training verinnerlichte Regeln und Techniken führen zu Kompetenz. Wer diese spürt, ist von innen motiviert!"
  - „Unsere Leistung ist Kompetenzaufbau, nicht Training!"
- *Unsere Umsetzung:*
  - „Wir vermitteln das Warum, Was und Wie mit einem Online-Campus."
  - „Das Wie wird in Videobotschaften des Trainers wiederholt."
  - „Die Teilnehmer können ihren Wissensfortschritt ständig online überprüfen."
  - „Präsenztraining entwickelt Wissen zu Kompetenzen und fördert Motivation durch individuelles Feedback und persönliche Aktionspläne."
  - „Telefon-Coaching zwischen den Trainingsterminen verstärkt den Trainingseffekt und fördert zeitsparend den Kompetenzaufbau."
  - „Webinare ergänzen das Telefon-Coaching durch Erfahrungsaustausch der Teilnehmer, Klärung von Fragen und Übung mit Rollenspielen."

Wie Sie sehen, haben wir umfangreiches Material mit vielen sprachlichen Bildern gesammelt. Wie kommen diese Bilder bei Ihnen an? Welche sind Ihnen vertraut? Welche sind Ihnen fremd? Gibt es dabei Bilder, die Sie ablehnen?

Getreu der Weisheit, „der Köder muss dem Fisch schmecken und nicht dem Angler", haben wir uns für Formulierungen entschieden, die Wissensstand und Erfahrung unserer Ansprechpartner im Kontext der Anforderungen entsprechen. Zumindest aus unserer Sicht.

Jetzt sind wir gerüstet, um die beiden nächsten Punkte unserer Checkliste anzugehen.

## 5.  Programm(e) des Autopiloten festlegen
- *Pilot ansprechen – Ja/Nein?*

Hier sind natürlich Autopilot und Pilot unserer Gesprächspartner gemeint! Beginnen wir mit der Frage nach den Programmen von Autopilot und Pilot, die zur Zielgruppe passen, unserer Rolle Rechnung tragen und unsere Mission unterstützen. Dazu schauen wir uns alle drei systematisch an:

| Programm | Pro | Kontra | + / - |
|---|---|---|---|
| Dominanz | Beide erwarten klare, präzise Aussagen. Unser Auftritt muss souverän und selbstbewusst sein. Unser Angebot muss hochwertig gesehen werden. Alleinstellungsmerkmale müssen deutlich werden. Ihr Nutzen muss auf den Punkt gebracht werden | Wir dürfen auf keinen Fall überheblich oder arrogant wirken. Es darf nie das Gefühl entstehen „die können wir uns nicht leisten". | + + + + |
| Stimulanz | Wir müssen schnell Interesse wecken und hochhalten. Unser Angebot ist modern und zeitgemäß. Wir bieten Individualität | Wir dürfen nicht als „Dampfplauderer" rüberkommen. Es darf nicht als Schickimicki oder nice to have erscheinen. | + / - + / - + |
| Balance | Der Kunden muss merken, dass er uns wichtig ist, dass wir ihn verstehen wollen. Auch wenn es nicht explizit gesagt wird – beide brauchen Sicherheit. Sie müssen das gute Gefühl haben „das wird gut". Sie müssen so sicher sein, dass nicht beim ersten Problem Zweifel aufkommen | Wir müssen emphatisch, höflich – aber auch bestimmt auftreten. „Bescheidenheit ist eine Zier, doch weiter kommt man ohne ihr". | + / - + / - + + |
| Klärung | Sie wollen wissen, was genau bei uns warum anders ist. Wie genau sind die einzelnen Module konzipiert? Wie genau wirken sie zusammmen und wie ergänzen sie sich? | Der Kunde muss unsere Kompetenz erleben – ohne unseren Ansatz zu kompliziert zu finden. Es darf nicht der Eindruck aufkommen, „das verstehen unsere Mitarbeiter nicht". | + + + |

Diese Aufstellung hilft enorm bei der Vorbereitung. Natürlich ist sie immer subjektiv gefärbt. Doch wenn Sie sie sorgfältig und überlegt ausfüllen oder einen Kollegen bzw. eine Kollegin hinzuziehen, ist diese Matrix ein sinnvolles Werkzeug für Ihre Vorbereitung.

Mit „+" sind die Pros markiert, die eventuelle Kontras aus unserer Sicht klar überwiegen. Die Symbolik „+/–" deutet an, dass Pro und Kontra sich etwa die

Waage halten, hier also Vorsicht geboten ist. Ein reines „–" haben wir nicht vergeben. Das würde heißen, das Kontra hat aus unserer Sicht ein stärkeres Gewicht. Nach unserer Bewertung liegt der Fokus unserer Gesprächsvorbereitung auf dominanten Mitteilungen und klärenden Nachweisen. Den das Balanceprogramm ansprechenden Beziehungsaufbau dürfen wir nicht zu kurz kommen lassen, stimulierende „Erlebnisse" müssen gut überlegt und wohl dosiert werden.

Nach dieser Vorbereitung können wir jetzt Argumente für unser Angebot formulieren, auf die wir dann im Gespräch zurückgreifen können. Erfolg ist schließlich mindestens 50 % Vorbereitung! Womit wir beim nächsten Punkt unserer Checkliste wären.

6. **Botschaft in der Sprache des Programms/der Programme formulieren (Schlüsselargumente)**
- „Unsere Leistung ist nicht Training! Unsere Leistung ist Kompetenzaufbau."
  - – Zwei selbstbewusste (dominante) Mitteilungen. Die negative Aussage zu Beginn überrascht, schließlich geht es ja um Training. Die zweite Botschaft bringt das Gespräch direkt auf eine unserer Stärken.
- „Unser Blended Learning ist modular konzipiert. Sie gewinnen Flexibilität – inhaltlich und zeitlich. So setzen wir Ihren individuellen Bedarf um."
  - – Drei Mitteilungen. Die erste bringt den Schlüsselbegriff „Blended Learning" ins Gespräch. Dieser kann bei Bedarf vertieft werden. Die beiden anderen betonen „nebenbei" die Stärken „flexibel" und „individuell".
- „Erfolg im Vertrieb braucht Echtzeit-Kommunikation."
  - – Ein weiterer Schlüsselbegriff wird mitgeteilt. „Echtzeit-Kommunikation" ist aus der IT bekannt und wird jetzt ganz selbstverständlich auf Kommunikation in Vertrieb, Führung und Beratung übertragen. Der Begriff muss sofort geklärt werden. Zu 80 % wird der Kunde nachfragen.
- „In Gesprächen, Telefonaten, Meetings oder Verhandlungen gibt es keine Zeit zum Nachdenken."
  - – Der klärende Nachweis – die Aussage ist unstrittig. Sobald der Kunde diese Aussage akzeptiert, wird er neugierig – das Stimulanzprogramm wird aktiviert. Ganz ohne „Dampfplauderei"!
- „Im Training vermitteltes Wissen oder gute Vorsätze garantieren keinen Trainingserfolg. Nur durch kontinuierliches Üben verinnerlichte Kompetenzen sind auch unter Druck abrufbar."
  - – Wieder ein klärender Nachweis – die Aussage ist schnell einsichtig und wird akzeptiert. Ganz zwanglos kommen wir damit zu den Alleinstellungsmerkmalen von PEK.

- „Wissensvermittlung, Übungsanleitung und Fortschrittskontrolle liefert der Online-Campus einer international angesehenen Hochschule."
  - Diese sachliche Aussage gibt dem Gesprächspartner Sicherheit, das Balanceprogramm wird ohne falsche Bescheidenheit bedient. Noch dazu, wo wir im echten Gespräch natürlich den bekannten Namen nennen. Sicherheit gibt einmal der Online-Campus einer vertrauenswürdigen Institution. Sicherheit gibt indirekt auch die Tatsache, dass die für ihr wissenschaftliches Niveau bekannte Hochschule sich für das Konzept PEK entschieden hat.

Mit diesen vorbereiteten Argumenten sind wir für unsere Akquisegespräche gut aufgestellt. Zumindest was die Wortwahl betrifft. Ob unsere Argumente gehört werden und wie sie aufgenommen werden, darüber entscheiden neben unseren Worten auch unsere rhetorischen Fähigkeiten. Damit sind wir beim letzten Punkt unserer Checkliste.

7. **Rhetorische Grundlagen**
   - *Max. 5 bis 6 Wörter ohne Pause*
     Die erste Faustregel leitet sich aus der Arbeitsweise des menschlichen Ultrakurzzeitgedächtnisses ab. Dort werden Informationen nur etwa zwei Sekunden lang behalten. Dabei wird unter dem Einfluss der Amygdala entschieden, ob diese Information wichtig ist. Wird sie als wichtig eingestuft, dann wird zum einen der Autopilot entsprechend der getroffenen Bewertung aktiv und zum anderen wandert diese Information ins Kurzzeitgedächtnis. Als unwichtig klassifizierte Informationen „verschwinden" als nicht gehört. Dieser Mechanismus der menschlichen Informationsverarbeitung unterstreicht noch einmal die Bedeutung der hier besprochenen Punkte 4 bis 6 der Checkliste.
   - *3 bis 4 s Pause nach Sätzen/Aussagen*
     Die ganze Bedeutung von Punkt 6 erschließt sich, wenn wir die Arbeitsweise des Ultrakurzzeitgedächtnisses noch genauer betrachten.
     Es lässt sich anschaulich mit dem Zeichenpuffer Ihrer Computertastatur vergleichen. Dieser kann nur eine begrenzte Anzahl Zeichen zwischenspeichern, bevor diese vom Betriebssystem weitergeleitet werden. Wird sehr schnell getippt oder hält man eine Taste gedrückt und der Rechner kann die Zeichen nicht schnell genug verarbeiten, ertönt ein Signalton und die weiteren Zeichen werden nicht angenommen.
     Unser Ultrakurzzeitgedächtnis sendet keinen Signalton, nimmt aber trotzdem keine weiteren Informationen auf. Diese werden im Wortsinn nicht gehört.

Bei Ihrem Computer können Sie in der technischen Beschreibung herausfinden, wie viele Zeichen genau der Tastaturpuffer speichern kann. Beim
Menschen sind wir dagegen noch auf Schätzungen angewiesen. Diese
schwanken zwischen zwei und vier Sekunden. Die angegebenen fünf bis
sechs Wörter ohne Pause entsprechen als Faustregel zwei Sekunden. Natürlich hängt das von der Struktur der Wörter ab. Wenn Sie einen sehr kompli-
zierten Begriff benutzen müssen, dann machen Sie sicherheitshalber schon
danach eine Pause.

Die Pausenlänge erklärt sich jetzt auch. Mit drei bis vier Sekunden sind Sie
auf der sicheren Seite, zwei Sekunden Pause sind jedoch das Minimum.
Durch kurze, präzise Aussagen, unterteilt durch Pausen, machen Sie es
Ihren Zuhörern schwer bis unmöglich, nicht zu hören und aufzunehmen,
was Sie sagen.

- *Satzzeichen sprechen:./!/?*
Wenn Sie dann noch Satzzeichen „sprechen" – durch eindeutiges Absenken
der Stimme – dann geben Sie sich und Ihren Zuhörern wichtige Zeit. Ihren
Zuhörern wird klar, dass die Botschaft, die Aussage oder der Gedanke
vollständig ist. Sie nehmen das Gehörte auf und warten nicht auf das, was
möglicherweise noch kommt, weil Sie ungeschickt Ihre Stimme am Sat-
zende noch einmal anheben.

Sie gewinnen Zeit zum Durchatmen und sammeln, zur Fokussierung auf
das was noch kommt. Oder, falls Sie einen wichtigen Punkt gesetzt haben,
zur Konzentration auf die Reaktion Ihrer Gegenüber.

Wenn Sie diese drei einfachen Regeln der Rhetorik verinnerlichen, gewinnen Sie automatisch die Souveränität, die Sie sich wünschen und die Sie,
nicht nur im Vertrieb, unbedingt brauchen.

- *Keine Füllwörter*
Füllwörter, wie „im Grunde genommen", „ziemlich", „gewissermaßen"
oder „eigentlich", verwässern starke Formulierungen, sie nehmen ihnen
Kraft und Bestimmtheit. Nehmen Sie sich die Schotten zum Vorbild. Die
trinken ihren Single Malt pur. Ohne Eiswürfel, Cola oder Wasser. Wer in
Schottland unbedingt Whisky mit Cola will, der bekommt einen dort als
minderwertig betrachteten blended Whisky wie Johnny Walker.

Sie entscheiden, ob Ihre Argumente pur überzeugen, oder ob Sie sie mit
Floskeln verwässern und abschwächen. Vielleicht weil Sie selbst nicht
davon überzeugt sind? Und Sie diese deshalb nur als Longdrink servieren,
bei dem man den billigen Whisky nicht genau erkennt?

- *Kein Konjunktiv – es sei denn er ist wichtig!*
  Der Konjunktiv schließlich ist ein typisch deutsches Phänomen. Er gilt bei uns als Möglichkeitsform. In fast allen anderen Kulturkreisen ist er dagegen die Höflichkeitsform. Nun internationalisiert sich auch unsere Kultur zusehends. Der Konjunktiv wird damit immer weniger verpönt. Wo er aber definitiv keinen Platz hat, ist da, wo er Unsicherheit verbreitet oder falsche Hoffnungen weckt.
  Sagen Sie nicht „es könnte sein, dass wir diese Woche noch liefern", wenn Sie genau wissen, dass das nichts wird. Und sagen Sie nicht „es müsste funktionieren", wenn Sie sicher sind, dass es funktioniert. Im Zweifel machen Sie bedingte Zusagen. Etwa „nach jetzigem Kenntnisstand schließen wir Ihr Projekt termingerecht zum Monatsende ab. Es gibt allerdings bei einem Lieferanten kurzfristige und nicht geplante Engpässe. Wir wissen noch nicht definitiv, ob diese uns betreffen. Zur Sicherheit haben deshalb einen zweiten Lieferanten aufgetan. Dieser braucht eine Woche Vorlauf. Wenn diese Alternative zum Tragen käme (hier ist der Konjunktiv Absicht!), schließen wir das Projekt am 7. des nächsten Monats ab."

Mit diesen Regeln sind Sie sprachlich und rhetorisch für Ihre Gespräche, Präsentationen und Verhandlungen gerüstet. Sie haben ein Konzept für die richtige Vorbereitung, für die Formulierungen, die Sie wählen können, um Ihre Botschaften bei Ihrem neuen Auftraggeber zu positionieren. Mit diesem Konzept agieren Sie in Zukunft sicher und souverän. Jetzt bereiten Sie Ihre Botschaften mit den passenden gehirngerechten Fragen vor!

# Anwendung im Verkaufsgespräch: Vorwände souverän klären, auf Einwände eingehen

## 5

▶ **Darum geht es** Unsere gesellschaftlichen Normen verlangen ein Mindestmaß an Höflichkeit. Selbst dann, wenn wir uns überlegen fühlen, wahren wir die Form, verbergen unsere wahre Meinung hinter einer Fassade aus Ausreden oder Vorwänden. „Vorwand" ist ein altes Wort, das seine Bedeutung, wenn auch im übertragenen Sinne, bis heute behalten hat. Der Ursprung liegt im Burgenbau. In manchen Gegenden wurde die eigentliche Burgmauer durch eine Vorwand verborgen und geschützt. Hatten die Belagerer die Vorwand durchbrochen, waren sie noch immer nicht in der Burg. Bei Vorwänden im Vertrieb ist es heute nicht anders. In diesem Kapitel geht es darum, wie Sie sich nicht mit Vorwänden abspeisen lassen, wenn es um Termine oder einen Auftrag geht. Das ist übrigens auch im Sinne Ihres Kunden, dem Sie so die Chance geben, ausgetretene Wege zu verlassen und neue Möglichkeiten zu nutzen. Denn Vorwände verbauen auch dem Kunden die eigene Sicht!

Neben „Dumpingpreisen" der Konkurrenz sehen viele Verkäufer Standardvorwände der Kunden als ein großes Problem: „Ich habe gerade keine Zeit" … „Unser Budget ist erschöpft" … „Schicken Sie mir Unterlagen" … „Wir haben keinen Bedarf …". Doch Vorwand ist nicht gleich Einwand! Einwände sind konkrete, sachbezogene Gesprächsbeiträge. Wie können Sie erkennen, ob ein Kunde eine schnelle Ausrede – nichts anderes ist ein Vorwand – benutzt, um Sie abzuwimmeln? Was ist der wahre Grund? Hat er tatsächlich keine Zeit? Braucht er wirklich keinen günstigeren Mobilfunktarif, oder hat er einfach keine Lust, gerade jetzt mit Ihnen darüber zu sprechen? Will er nicht alleine entscheiden oder darf er es nicht und braucht daher schriftliche Unterlagen für seinen IT-Leiter?

© Springer Fachmedien Wiesbaden GmbH 2017
W. Schneiderheinze und C. Zotta, *Überzeugen 4.0*,
DOI 10.1007/978-3-658-16291-7_5

PEK unterstützt Sie dabei, Einwände und Vorwände zu unterscheiden und dann geeignet darauf zu reagieren. Deshalb betrachten wir zuerst Einwände, die sehr häufig nur Vorwände sind und mit denen Sie oft schon am Telefon konfrontiert werden. Wie Sie dabei die bei Ihrem Gesprächspartner das gerade aktive Programm erkennen, haben wir in Kap. 2 besprochen. Da der Einwand kaum das erste ist, was der Kunde zu Ihnen sagt, haben Sie gute Chancen, das Programm herauszuhören, in dem der Vorwand gebraucht wird. Wenn Sie noch unsicher sind, fragen Sie neutraler, aber fragen müssen Sie.

▶  **Tipp** Geben Sie bei Terminvereinbarungen am Telefon nur minimale Informationen. Jedes Wort zu viel ist eine Vorlage für Vorwände.

**Klassische Vorwände (meist am Telefon)**
**„Keine Zeit!"**
Ist garantiert ein Vorwand. Denn Zeit ist die einzige gerecht verteilte Ressource der Menschheit. Jeder hat pro Tag exakt 24 h zur Verfügung! Mit diesem Vorwand versucht Ihr Gesprächspartner, ein Telefonat elegant und schnell zu beenden. Oder ein Kollege, zu dem Sie ins Büro schauen oder auf dem Gang ansprechen, will Sie abwimmeln. Kein Vorwand darf Sie in Zukunft überraschen. Es gibt nur eine Handvoll Vorwände. Unterdrücken Sie die Versuchung des „guten Zuredens". Es hilft garantiert nicht! Ihre einzige Erfolg versprechende Option liegt in der bereits bekannten Technik, Fragen zu stellen.

Betrachten wir „keine Zeit" am Beispiel einer Kaltakquise am Telefon. Sie haben im Vorfeld gut gearbeitet, den richtigen Ansprechpartner ermittelt, haben ihn direkt am Apparat und konnten Ihr Angebot eloquent nach wort.macht.punkt. vortragen. Im Dominanzprogramm sagt Ihr Gesprächspartner trotzdem sehr direkt „Derzeit nicht!" oder „Dafür ist jetzt keine Zeit!" Ihre Amygdala signalisiert „Gefahr" und in Ihrem Autopiloten werden höchstwahrscheinlich unmittelbar die Programme für „gutes Zureden" aktiviert. Je nach Tagesform und Stimmung reagieren Sie in einem Ihrer drei Programme des Autopiloten. Zum Beispiel dominant mit „Unsere Lösung ist auch für Ihr Unternehmen unverzichtbar. Das beweise ich Ihnen in 10 min!" Oder im Balanceprogramm: „Unsere Lösung ist ganz bestimmt auch für Ihr Unternehmen wirklich wichtig. Bitte geben Sie mir doch eine halbe Stunde und Sie können sich selbst überzeugen. Da bin ich mir sicher."

Wenn Sie Ihre Telefonate zur Kaltakquise sehr locker angehen, dann reagieren Sie vielleicht im Stimulanzprogramm: „Da verpassen Sie aber etwas. Sie können doch nur gewinnen! Entweder haben Sie bald eine tolle Lösung oder Sie wissen, dass Ihre jetzige gar nicht so schlecht ist!" Hand aufs Herz, glauben Sie ernsthaft, dass eine dieser Entgegnungen zu einer Terminvereinbarung führt? Wenn Sie davon überzeugt sind, brauchen Sie die weiteren Ausführungen nicht zu lesen, ansonsten finden Sie im Folgenden weiterführende Erläuterungen, wie Sie doch noch zu einem Termin kommen.

Ganz zu Beginn legen wir Ihnen noch einmal die bereits bekannte und immer wirkungsvolle fundamentale Regel ans Herz: Fragen Sie direkt nach! „Wann haben Sie Zeit?" oder, wenn mehr Respekt geboten scheint: „Wann passt es Ihnen besser?" Wer fragt, führt! Auf solche Frage erhalten Sie mit sehr hoher Wahrscheinlichkeit eine Antwort. Kaum jemand ist in unserer Gesellschaft so unhöflich und antwortet plump: „Das geht Sie gar nichts an", denn dies passt nicht zu unserer gesellschaftlichen Etikette.

Wenn Sie auf Ihre direkte Frage eine plausible, für Sie akzeptable Antwort bekommen, dann diskutieren Sie nicht, sondern vereinbaren pragmatisch einen Termin oder avisieren Ihren Anruf für den genannten Zeitraum. Wird dagegen ein Zeitpunkt genannt, der nicht nachvollziehbar weit in der Zukunft liegt, dann fragen Sie direkt weiter. Zum Beispiel: „Darf ich fragen, was in einem Jahr aus Ihrer Sicht anders ist, als heute?" Auch wenn das streng genommen eine geschlossene Frage ist, wird „darf ich fragen" als rhetorisch verstanden, beantwortet wird die dahinterliegende offene Frage: „Was ist in einem Jahr anders?" In neun von zehn Fällen erhalten Sie jetzt eine plausible Erklärung für die Ablehnung. Legen Sie sich den Kontakt nach einem Jahr auf Wiedervorlage, denn oft genug führt Hartnäckigkeit zum Erfolg, schon allein, weil Sie Ihrem Gegenüber dadurch signalisieren, dass Ihnen der Kontakt so wichtig ist, dass Sie sich den Termin vormerken und dann auch tatsächlich nachfragen. Anderseits hat es nach einigen Nachfassaktionen dann auch keinen Sinn mehr, den Kontakt zu verfolgen. Es gibt einige Menschen, die wimmeln Gesprächspartner lieber zehnmal ab, als zu offenbaren, dass sie wirklich kein Interesse oder ganz andere Sorgen haben oder auch schlichtweg nicht über die Entscheidungskompetenz verfügen.

Die Technik des Nachfragens können Sie selbstverständlich auch für die drei übrigen Programme anwenden. Ein Gesprächspartner im Klärungsprogramm wird in der Regel sein „keine Zeit" ausführlicher formulieren, „Im Prinzip gern, aber derzeit ...", und mit Fakten untermauern und damit die Grundlage eines klärenden Dialoges selbst liefern.

Doch es lohnt sich, auf die Programme Balance und Stimulanz genauer einzugehen. Denn in diesen „weichen", emotionalen Programmen sind Menschen ganz besonders empfänglich für verständnisvolle Zuwendung (Balance) bzw. lobende Anerkennung (Stimulanz). Böse Zungen könnten das jetzt zu Recht als Manipulation kennzeichnen. Werbebotschaften versuchen schließlich auch genau das – und erreichen es weit öfter als uns lieb ist und wir uns selbst eingestehen. Natürlich bleibt es Ihnen überlassen, ob Sie die jetzt folgenden Ideen zukünftig umsetzen.

Im Balanceprogramm tun wir uns mit Ablehnen und Nein sagen schwer. Deshalb wird „keine Zeit" dann nicht so direkt ausgedrückt wie im Dominanzprogramm. Vielmehr werden Angesprochene im Balanceprogramm eher um Verständnis werben: „Es tut mir wirklich leid, aber im Moment ...". Nach einem kurzen Moment der Besinnung und vielleicht einem gedehnten „okay", „ich verstehe" fällt Ihnen nach etwas Übung bestimmt etwas Anerkennendes ein. Etwa „das glaube ich Ihnen gerne und es tut mir ehrlich leid, dass ich Sie störe. Wann ist es denn etwas ruhiger bei ihnen?" Dadurch entspannen Sie die Situation und verbessern gleichzeitig Ihre Chance auf einen Dialog. Sie können weitere gehirngerechte Fragen stellen, mit denen Sie wichtige Informationen erhalten – und vielleicht sogar einen Termin erhalten.

Im direkten Gespräch zum Beispiel mit einem Kollegen, können Sie statt der Frage „Wann ist es denn etwas ruhiger?" das Spiel noch weitertreiben. Etwa mit „wenn ich nicht so dringend auf Sie und Ihre Hilfe angewiesen wäre, wäre ich nicht gekommen. Ohne Sie komme ich nicht weiter." Im Normalfall werden Sie jetzt angehört, Ihr Kollege beginnt, Ihr Problem zunehmend als sein eigenes zu betrachten. Seine Unterstützung lässt dann nicht lange auf sich warten. Vielleicht können Sie ja sogar eine Gegenleistung bieten?

Aber Vorsicht! Weder als Schauspieler noch als Heuchler werden Sie dauerhaft beliebt und erfolgreich. Vielleicht hilft Ihnen folgendes Bild. Wenn Sie einen Engländer treffen und mit ihm Englisch reden, dann benutzen Sie seine Sprache und deren sprachliche Bilder. Zumindest wenn Sie fließend Englisch sprechen. Sie verstellen sich nicht, Sie spielen nichts vor und doch werden Sie verstanden. Und so sollten Sie auch mit Ihrem Kollegen im Balanceprogramm reden. Wichtig ist Wahrhaftigkeit, d. h. Sie brauchen wirklich dringend seine Hilfe, sonst sind Sie nicht authentisch, sondern spielen nur. Adressieren Sie Ihr Problem in seiner Sprache (d. h. seinem aktiven Programm) und in seinen Bildern, in diesem Falle der Sprache des Balanceprogramms. Mit dem PEK-Ansatz geben wir Ihnen die Möglichkeit, Deutsch in vier sehr verschiedenen Sprachen zu sprechen. Je fließender Sie diese vier Sprachen sprechen, desto überzeugender werden Sie. Wenn Sie dabei authentisch und wahrhaftig bleiben.

Wenn Gesprächspartner im Stimulanzprogramm etwas ablehnen, dann wollen sie uns unverbindlich freundlich loswerden. Das klingt dann häufig wie „Oh, im Moment ist es ganz schlecht ..." vielleicht noch gefolgt von „Sie können sich nicht vorstellen, was hier gerade los ist." Auch hier können Sie, nach einer kurzen Pause zum Nachdenken, durch Lob die Stimmung positiv beeinflussen: „Das hört sich doch sehr nach Erfolg und guten Geschäften an, oder?" Wenn Sie wissen, dass ein Unternehmen gerade im Umbruch ist (Sie sollten das wissen!), dann passt „Das hört sich nach aufgekrempelten Ärmeln und Arbeit für den Erfolg an, oder?" In beiden Varianten werden Sie Wissenswertes erfahren. Schließlich ist die Mitteilungsfreude eine Grundeigenschaft jedes Menschen im Stimulanzprogramm.

Sparen Sie also nicht mit anerkennenden und lobenden Einwürfen. Warten Sie aber nicht zu lange mit Ihrer Frage. „Ich habe wirklich etwas Besonderes für Sie. Etwas, dass Sie wirklich weiterbringt. Wann können Sie sich dafür eine halbe Stunde frei schaufeln? Was meinen Sie?" Schmieden Sie das Eisen, so lange es heiß ist! Sie erfahren, ob und wann ein Termin Sinn hat und bleiben dran.

Zu Übungszwecken können Sie im direkten Gespräch mit einem Kollegen im Stimulanzprogramm direkt dranbleiben. Etwa mit der Frage „Wenn mir jemand anderes helfen könnte, hätte ich dich verschont. Du bist der einzige, der sich hiermit wirklich auskennt. Ohne Dich stecke ich fest." So machen Sie es Ihrem Kollegen schwer, Sie einfach abzuwimmeln. Ihre Chancen stehen gut, dass er zumindest fragt, worum es genau geht, dass er sich Ihr Anliegen anhört. Von dort ist der Weg zur Hilfe nicht mehr weit. Doch auch hier gilt, wie schon zuvor erwähnt:

▶ Mit Tricks und Täuschungen kommen Sie langfristig nicht weit und riskieren, Ihre Glaubwürdigkeit zu verlieren.

Es bleibt Ihnen überlassen, wie lange Sie nachfragen und damit um Erläuterungen zu „keine Zeit" bitten und dabei Ihre Entgegnungen aufbauen, um doch noch ein Zeitfenster für ein Gespräch zu bekommen. Wer zu penetrant ist, erreicht leider oft das Gegenteil. Zum anderen dürfen Sie nicht aus den Augen verlieren, dass es in vielen Kulturen – und auch in Deutschland – einigen Menschen höflicher erscheint, aus vorgeschobenen Zeitgründen abzusagen, als eine direkt und konkrete Absage auszusprechen. Wer konfliktscheu ist, geht sogar lieber den Weg, sich auf einen Termin einzulassen, der dann per Mail wieder abgesagt wird. Auch aus diesen Gründen ist es sinnvoll, die Gründe hinter den Vorwand „keine Zeit" zu hinterfragen. Wenn Sie auf Menschen treffen, die tatsächlich kein Interesse haben oder Ihre Dienstleistung nicht brauchen oder sich schlichtweg im Moment dafür nicht interessieren, wird es Ihnen sowieso nicht gelingen, sie zu Ihren Kunden zu machen.

**„Kein Bedarf"**
Ganz ähnlich verhält es sich mit diesem Vorwand. Wenn jemand wirklich keinen Bedarf oder im Augenblick kein Interesse hat, dann akzeptieren Sie dies natürlich.

Und Sie wissen inzwischen, wie Sie gehirngerecht nachfragen, warum das so ist. Wenn Sie jedoch im Rahmen einer Terminvereinbarung unmittelbar mit dem Vorwand „kein Bedarf" abgewimmelt werden, können Sie sich einen Weg „erfragen", um doch noch zu einem Gesprächstermin zu kommen.

Wenn Sie im Dominanzprogramm direkt abgewimmelt werden, ohne dass Sie Ihr Anliegen angemessen (angemessen heißt allerdings am Telefon keinesfalls ausführlich) darstellen konnten, dann nehmen Sie das ernst, fragen aber trotzdem direkt nach: „Womit arbeiten Sie zurzeit?" oder „Wie lösen/handhaben Sie ...?" Wie zuvor erwähnt, werden solche Fragen in unserer Kultur mit sehr hoher Wahrscheinlichkeit zumindest teilweise beantwortet.

Nicht selten kommen Sie dadurch zu einem klärenden Gespräch und erfahren, was „kein Bedarf" in diesem konkreten Fall bedeutet. Ergeben sich daraus für Sie Anknüpfungspunkte, dann bleiben Sie am Ball und treffen eine Vereinbarung. Das ist im günstigsten Fall ein Termin und als zweitbeste Lösung ein konkreter Zeitpunkt für das nächste Telefonat. Falls Ihr Gesprächspartner trotz Klärungsfragen im Dominanzprogramm kurz angebunden bleibt und Sie nicht weiterkommen, dann akzeptieren Sie das und verabschieden sich souverän. Vermerken Sie entweder einen neuen Anlauf in sechs bis zwölf Monaten. Bis dahin kann sich die Situation ändern, und schließlich arbeiten Sie im Vertrieb – nachzufassen gehört zu Ihrem Handwerk.

Auch im Stimulanzprogramm ist „kein Bedarf" bei aller Neugier durchaus logisch. Wer von seiner aktuellen Lösung begeistert ist, wird etwa stolz verkünden „hier sind wir bestens aufgestellt. Wir sind auf dem neuesten Stand und brauchen nichts Anderes." Unabhängig davon, ob das nun ein Vorwand ist oder nicht – von einem Gesprächspartner im Stimulanzprogramm bekommen Sie auf jeden Fall nützliche Informationen. Sie müssen nur stimulierend fragen: „Das klingt interessant. Sie machen mich neugierig. Wie/Womit arbeiten Sie?" – „Was schätzen Sie besonders an dieser Lösung" oder „Wie haben Sie ... gelöst?" Hören Sie aktiv zu und fragen Sie gehirngerecht nach. Vielleicht bietet sich doch ein Anknüpfungspunkt, der Ihr Angebot ins Spiel bringt: „Wie wichtig wäre es für Sie, wenn ...?" Wenn Sie dabei einen Nerv treffen, bekommen Sie oft sehr schnell einen Termin, weil Sie durch Ihr interessiertes Nachfragen bei Ihrem Gegenüber Tür und Tor geöffnet haben.

Gesprächspartner im Balanceprogramm erkennen Sie fast sicher daran, dass diese „leider (im Moment) keinen Bedarf haben". Zeigen Sie dafür verbal Verständnis und fragen Sie behutsam und höflich nach. Zum Beispiel: „Darf ich Sie fragen, was Sie heute einsetzen/wie Sie das ... lösen? Sie würden mir damit sehr helfen, den Markt besser zu verstehen." Wer wirklich im Balanceprogramm ist, antwortet Ihnen auf jeden Fall. Bleiben Sie zurückhaltend höflich, fragen Sie behutsam, dann erfahren Sie, was Sie wissen müssen. Entweder haben Sie einen konkreten Anknüpfungspunkt für Ihr nächstes Gespräch, dessen Zeitpunkt Sie jetzt zumindest grob abstimmen.

Oder es ergibt sich daraus eine Chance, Ihren Gesprächspartner entweder neugierig zu machen oder ein Problem zu identifizieren, dessen Lösung ihm wichtig ist. Dann schlagen Sie vorsichtig einen Termin vor. Etwa mit „Frau Meyerhuber, wenn Sie mir die Chance geben, unsere Lösung einmal persönlich bei Ihnen vorzustellen, dann können Sie danach in aller Ruhe entscheiden, ob und wie Ihnen das weiterhelfen kann." Wenn Sie nun keinen Termin bei Frau Meyerhuber bekommen, dann hat sie wohl wirklich im Moment keinen Bedarf.

Aus dem Klärungsprogramm heraus werden Sie nicht sofort abgeblockt. Ihr Gesprächspartner hört Ihnen erst einmal zu, und Sie können darstellen, worum es geht. Seine Antwort klingt dann so ähnlich wie: „Das scheint ohne Zweifel eine interessante Lösung, aber wir arbeiten derzeit mit … und sind absolut zufrieden. In den nächsten beiden Jahren werden wir deshalb nichts verändern."

Das ist natürlich ein Einwand und kein Vorwand im Sinne von Ausrede. Fragen Sie trotzdem nach: „Können Sie mir sagen, wo Sie die entscheidenden Vorteile dieser Lösung sehen?" oder „Darf ich fragen, warum sie … keine Alternative ist?", „Wie verhindern Sie…?" Fragen Sie geduldig so lange, bis Sie ein genaues Bild haben. Vielleicht ergibt sich daraus ein konkreter Einstieg für ein persönliches Gespräch! Kommen Sie mit Ihren Fragen an einen toten Punkt, dann akzeptieren Sie das und vereinbaren einen Termin für ein Folgegespräch, das Sie dann gut vorbereiten können. Auch in ein oder zwei Jahren brauchen Sie neue Kunden!

**„Schicken Sie mir Unterlagen"**
Hier sind wir schon im Grenzbereich zwischen Vorwand und Einwand. „Schicken Sie mir Unterlagen" kann sowohl ein klassischer Versuch sein, Sie am Telefon loszuwerden, als auch ein Signal für grundsätzliches Interesse. Sich Unterlagen wirklich anzuschauen, kostet oft mehr Zeit als ein kurzer Gesprächstermin. Der Kunde kann keine Fragen stellen und erfährt so weit weniger, als in einem Gespräch mit anschließender gezielter Durchsicht von Unterlagen. Dies können Sie durchaus als Argument vorbringen. Aber erst nachdem Sie die Situation durch gehirngerechtes Fragen geklärt haben! Fragen Sie also nach, was genau dieser Interessent Ihren Unterlagen entnehmen will. Jede zusätzliche Information ist wertvoll. Vielleicht erfahren Sie ja auch, was Sie noch tun können, damit der persönliche Termin aus der Sicht Ihres Kunden wertvoll erscheint. Oder es kristallisiert sich ein konkretes Interesse zu einem Produkt Ihres Angebots heraus. Dann schicken Sie natürlich dazu Unterlagen, wenn immer möglich per E-Mail. Idealerweise gibt es auf Ihrer Webseite einen übersichtlichen Download-Bereich.

Dann schicken Sie dazu einen von Ihnen kommentierten Link. Und denken Sie daran, gleich ein Folgetelefonat zu vereinbaren.

Wer Führungs- oder Entscheidungskompetenzen hat, hat zumeist auch einen randvoll gefüllten Arbeitstag – eingesandte Unterlagen stehen auf der Prioritätenliste ganz unten, daher werden sie häufig doch nicht gelesen. Verbindlicher wirkt ein fest vereinbartes Telefonat, bei dem Sie den Kunden dann doch noch durch die Unterlagen führen können.

Ein Gesprächspartner im Dominanzprogramm stellt seine Forderung ohne Schnörkel, etwa: „Schicken Sie mir einfach aussagefähige Unterlagen. Bei Bedarf melde ich mich." Hier sollten Sie direkt zurückfragen: „Welche Aspekte unseres Portfolios interessieren Sie denn speziell?" oder „Welche Informationen erwarten Sie von diesen Unterlagen?"

Erhalten Sie hierauf plausible Antworten, am besten aus dem Klärungsprogramm, dann schicken Sie die gewünschten Informationen zu. Und vereinbaren Sie konkret, wie es weitergeht. Behalten Sie auf jeden Fall die Initiative. Sie rufen an! Lassen Sie ein „wir melden uns bei Bedarf" nicht stehen. Kündigen Sie Ihren Rückruf nach einer angemessenen Zeit an. Wer sich das ausdrücklich verbittet, den sollten Sie an seiner Rückmeldung messen. Wer sich nicht meldet und nicht angerufen werden will, der hat auch kein Interesse.

Im Stimulanzprogramm kommt die Forderung lockerer und klingt dann etwa so: „Das hört sich durchaus interessant an. Schicken Sie mir gerne etwas zu, dann schaue ich mir das mal in Ruhe an." In diesem Programm werden Zusagen schnell gegeben, es geht ja um nichts. Genauso schnell werden solche Zusagen von anderen Eindrücken überlagert und dann vergessen. Auch hier brauchen Sie eine konkrete Vereinbarung. Loben Sie kurz das geäußerte Interesse Ihres Gesprächspartners und fragen dann „Was interessiert Sie denn besonders? Schließlich ist Ihre Zeit kostbar!" Versuchen Sie ins Gespräch zu kommen, denn aus einer spontanen, zunächst oberflächlichen Neugier kann schnell ein wirkliches Interesse werden. Sie müssen es nur wecken! Hören Sie aktiv zu und lenken das Gespräch in Ihrem Sinne. Vereinbaren Sie genau, was Sie wie zusenden und – vor allem – klären Sie wie und bis wann Sie Feedback bekommen. Ohne unhöflich zu wirken, können Sie Ihren Rückruf anbieten, falls Sie bis zum … nichts hören.

Ein Kunde im Balanceprogramm formuliert in der Regel „Schicken Sie mir doch bitte erst einmal vorab Unterlagen zu. Dann kann ich mir das in Ruhe anschauen und bei Bedarf auf Sie zukommen". Bedanken Sie sich höflich erfreut für dieses Interesse. Danach können Sie bei „erst einmal/vorab" höflich einhaken und fragen Sie, was ihm oder ihr an diesen Vorab-Unterlagen denn besonders wichtig ist. Versuchen Sie auch hier, ins Gespräch zu kommen! Sie müssen wissen, ob und woran tatsächlich Interesse besteht. Nur so können Sie auch das

„Richtige" schicken. Auch hier gilt es, eine verbindliche Vereinbarung darüber zu treffen, wie es weitergeht.

Mit einem Gesprächspartner im Klärungsprogramm haben Sie alle Möglichkeiten zu fragen und zu klären, welche Aspekte interessant sind und wie Sie weiter verfahren können. Gehen Sie auf die sachlich-fachlichen Aussagen ein und stellen Sie nüchtern und direkt Ihre Fragen, so kommen Sie mit Ihrem Gegenüber am besten klar. Denken Sie an die sprachlichen Muster im Klärungsprogramm und schalten Sie Ihren verkäuferischen Überschwang zurück, denn hier sind Informationen und nicht Emotionen gefragt.

In allen Szenarien gilt:

▶ Personalisieren Sie alle Unterlagen, die Sie versenden, zumindest mit einem persönlichen Anschreiben. Nehmen Sie Bezug auf Ihr Telefonat und eine Aussage, die dort getroffen wurde. „Auf Seite 3 finden Sie unserer Erläuterungen zur Sicherheit ..." Verschicken Sie die Mail oder die Post zeitnah, damit sich der Empfänger noch gut an das Telefonat erinnert. Man muss das Eisen schmieden, solange es heiß ist.

Nach den hier aufgezeigten Gesprächsmustern können Sie jeden Vorwand auf Relevanz prüfen. Was auch immer Sie als Vorwand zu hören bekommen, fragen Sie nach! Trainieren Sie sich den Reflex „gut zureden" zu wollen Ihres Autopiloten ab! Den ersten Impuls Ihrer Amygdala können Sie zwar nicht unterdrücken, aber Sie können Ihren Autopiloten auf Zeitgewinn durch Pausen und Fragen programmieren. Den Weg dorthin kennen Sie schon: üben, üben, üben. Sie werden sehen, es lohnt sich.

Haben Sie durch Vorwandbehandlung einen substanziellen, ernsthaften Einwand identifiziert, dann sprechen Sie mit Ihrem Kunden darüber. Fragen Sie mit echtem Interesse nach, hören Sie aktiv zu und bringen Sie Ihre Antworten und Argumente auf den Punkt. Exakt in dieser Reihenfolge! Einwände können Sie nicht ausschließlich mit Argumenten aus der Welt schaffen. Auch wenn Ihr Autopilot Sie dazu verführen will.

Anders als Vorwände sind Einwände ein Zeichen von grundsätzlichem Interesse. Sie geben Ihnen die Chance, Bedenken auszuräumen und dadurch den Raum zu schaffen, dass Ihre Argumente gehört werden. Im Grunde ist die Behandlung von Einwänden – anders als bei Vorwänden – ein Teil der professionellen, konzentrierte Gesprächsführung.

# Durchgängige Anwendung im Vertriebsprozess: Vom Termin bis zum Auftrag

**6**

▶ **Darum geht es** Sie haben jetzt Ihre Werkzeugkästen für Ihre Kommunikation gut gefüllt. Nehmen wir nun in den Fokus, wie Sie die Werkzeuge von PEK in typischen Situationen Ihres Vertriebsalltages effektiv einsetzen können. Im Einzelnen betrachten wir in diesem Kapitel die Schwerpunkte Neukundenakquise, Erstgespräche, Gesprächseröffnung, Bedarfsermittlung, Lösungsvorschlag, Gesprächsabschluss und Angebot, Preisverhandlung. Jede dieser Situationen können und sollten Sie vorbereiten. Hierfür erhalten Sie im Folgenden Anregungen, Vorschläge und Tipps.

## 6.1  Neukundenakquise

Wenn Sie nicht in der glücklichen Lage sind, dass Ihr Marketing beständig eine Flut von Anfragen ins Haus spült, müssen Sie selbst aktiv werden. Doch auch wenn es aktuell genügend Anfragen gibt, ist Akquise wichtig. Denn es gibt immer potenzielle Kunden, die sich nicht von selbst melden. Und eine hohe Nachfrage kann auch zurückgehen.

Akquise beginnt immer mit einem Pool von Interessenten, die Sie ansprechen können. Ihre Erfolgsquote hängt entscheidend davon ab, wie gut Sie das Potenzial möglicher Interessenten im Vorfeld ermitteln. Welche Firmen wissen Ihre Produkte oder Leistungen besonders zu schätzen? Wichtige Aufschlüsse geben auch Ihre Bestandskunden. Warum kaufen sie gerade bei Ihnen? Zu welchen Branchen gehören sie? Wie groß sind diese Unternehmen? Was haben die alle gemeinsam?

Die Antworten auf solche Fragen helfen Ihnen, potenzielle Interessenten zu qualifizieren. Natürlich sind auch ehemalige oder passive Kunden Ihres Unter-

© Springer Fachmedien Wiesbaden GmbH 2017
W. Schneiderheinze und C. Zotta, *Überzeugen 4.0*,
DOI 10.1007/978-3-658-16291-7_6

nehmens Kandidaten. Diese zurückzugewinnen oder zu reaktivieren ist meist einfacher, als bei null anzufangen.

Im nächsten Schritt geht es um die für Sie geeigneten Ansprechpartner. Wem, welchem Bereich, welcher Abteilung nutzen Ihre Produkte oder Leistungen am meisten? Wer entscheidet über Lieferanten oder Partner? Dies sind nicht immer die Nutzer, sprich Fachbereiche. Doch diese entscheiden natürlich mit. Deshalb die Frage: Wie sind die voraussichtlichen Entscheidungswege? Wer bereitet die Entscheidung vor? Wer hat welchen Einfluss?

Diese Antworten helfen Ihnen bei der prinzipiellen Entscheidung für den oder die kompetenten Ansprechpartner. Als Faustregel gilt: Rufen Sie den in der Hierarchie höchsten Entscheider an, der noch ein unmittelbares Interesse an Ihrem Angebot hat. Wenn der Sie dann an einen seiner Mitarbeiter verweist, haben Sie dort schon einen guten Einstieg. Wichtig: Gehen Sie nie den umgekehrten Weg! Wenn Sie zu weit unten in der Hierarchie angefragt haben, kommen Sie oft gar nicht mehr an den Entscheider heran. Denn wenn Sie mit einem Sachbearbeiter gesprochen haben und nicht weiterkommen und dann den Chef anrufen, haben Sie kaum noch Chancen, denn der Mitarbeiter wird sich nicht für Sie einsetzen. Wenn Sie hartnäckig bleiben und der Mitarbeiter Sie doch noch an seinen Vorgesetzten verweist, haben Sie meist auch schlechte Karten. Selbst wenn der Chef Ihnen einen Termin gibt, wird er seinen Mitarbeiter dazu bitten. In ihm haben Sie zumeist keinen Mitstreiter, denn der Mitarbeiter wird seine ablehnende Entscheidung verteidigen.

**Faustregeln für die Auswahl Ihrer ersten Anlaufstelle**
- Wenn Sie besonders preisgünstig sind, dann sprechen Sie mit dem Einkauf.
- Wenn Sie Einsparungen bieten, dann bietet sich die Geschäftsführung an.
- Bieten Sie Wettbewerbsvorteile, dann reden Sie mit dem Vertrieb.
- Bei technischen Neuerungen ist der entsprechende Fachbereich die richtige Anlaufstelle.

Aber Vorsicht, das sind Faustregeln! Ein universelles Patentrezept gibt es nicht. Wir selbst sind Trainer und Autoren und bieten Fortbildung an. Nehmen wir das Beispiel „Echtzeit-Kommunikation im Vertrieb". Das interessiert den Vertriebsleiter, der in der Regel einen hohen Stellenwert im Unternehmen hat. Dennoch, grundsätzlich zuständig ist der Leiter Personal, in größeren Unternehmen der Leiter Personalentwicklung. Und der Einkauf spielt in jedem Unternehmen eine entscheidende Rolle. Dieses Spannungsfeld sollte Sie immer im Hinterkopf behalten. Da Sie bei Neukunden die internen Machtverhältnisse noch nicht kennen, fragen Sie beispielsweise den Vertriebsleiter, ob und wie Sie ihn im Entscheidungsprozess unterstützen können. Etwa: „Was brauchen Sie, um den Personalbereich ins Boot zu holen?" oder „In welchem Umfang ist in Ihrem Hause der Einkauf in dieses Thema involviert?". So lernen Sie schnell die Einflussbereiche kennen. Falls Sie den Vertriebsleiter unterstützen können, erwerben Sie sich aus dessen Sicht noch einen Zusatznutzen.

Wenn Sie für sich geklärt haben, wen Sie im Unternehmen anrufen, brauchen Sie Namen, Telefonnummern und E-Mail-Adressen. Hierfür gibt es drei wesentliche Quellen.

**Quellen für Kontaktdaten**

1. In Ihrer **Firmendatenbank** finden Sie Ansprechpartner mit allen relevanten Informationen. Falls jemand nicht mehr aktiv ist, ist es in der Regel ein leichtes, den Nachfolger zu erfragen.

2. **Xing** und **LinkedIn** sind bis auf wenige Ausnahmen eine reiche Quelle für Ansprechpartner, übrigens auch für potenzielle Interessenten! Sie finden dort Name, Vorname und Position, dazu auch noch den beruflichen Werdegang und die aktuelle Position. Auf der Firmenwebseite finden Sie die Nummer der Zentrale. Zwar wird kaum noch die Durchwahl angegeben, aber oft werden Sie direkt durchgestellt. Gerade, weil Sie ja auch den Vornamen und die Position wissen. Auch die persönliche E-Mail-Adresse geben viele Zentralen weiter. Geht das alles nicht, dann hilft nur Kreativität. Zu 80 % ist die E-Mail nach dem Muster „vorname.name@unternehmen.de" bzw. .com aufgebaut. Geht das nicht, dann probieren Sie Unterstrich statt Punkt oder nur der Anfangsbuchstabe des Vornamens. Wenn das alles nichts bringt, dann nehmen Sie sich den nächsten Prospekt vor. Schreiben Sie nicht an info@unternehmen.de! Niemals! Es ist schade um Ihre Zeit und Ihre Würde. Sie bekommen nämlich nie, wirklich nie, eine Reaktion!

3. **Messekataloge, Branchenzeitschriften** (häufig schon online) oder **IHK-Publikationen** enthalten nicht nur Informationen zu Firmen, sondern oft auch namentliche Ansprechpartner mit Durchwahl und E-Mail. Im Zweifel fragen Sie diese nach den von Ihnen gewünschten Kontakten. Auf jeden Fall erfahren Sie so die Logik von E-Mail-Adresse und Telefonnummern.

Auch bei vollständigen Kontaktdaten bleibt noch eine letzte Herausforderung. Je höher der Entscheider in der Hierarchie steht, desto wahrscheinlicher ist es, dass Sie zunächst seine Assistenz am Apparat haben. Sprechen Sie höflich und verbindlich mit dieser potenziellen Verbündeten! Ja, richtig, machen Sie die Assistenz zu einer oder einem Verbündeten. Erklären Sie, wer Sie sind und was der Chef davon hat, mit Ihnen zu sprechen. Gehen Sie auf Fragen ein und stellen Sie gehirngerechte Fragen. Nehmen Sie die Person mit ihrer Entscheidungskompetenz ernst und zollen Sie Respekt. So erhalten Sie schon im Vorfeld wichtige Informationen und wirken auf die Assistenz kompetent. Im Minimum erfahren Sie, wann und wie der Chef am besten zu erreichen ist. Kommen Sie absolut nicht vorbei, dann rufen Sie zu Zeiten an, in denen das Vorzimmer selten besetzt ist. Also entweder sehr früh oder nach 18.00 Uhr. Viele Chefs gehen dann selbst ans Telefon.

Wenn Sie diese Hürde schließlich genommen haben, steht dem Erstkontakt mit dem potenziellen Interessenten nichts mehr im Weg. Sie wissen, wem Sie was mit welchem Nutzen vorstellen werden. Ihre Zielgruppe haben Sie damit geklärt. Sie erinnern sich sicher: Jetzt kommen die Werkzeuge aus dem Kapitel wort. macht.punkt. ins Spiel.

Kein Kunde wartet auf Ihren Anruf, im Gegenteil, Sie stören. Zumindest im ersten Moment. Denn die gute Nachricht ist: Ihr Ansprechpartner braucht Lieferanten oder Lösungsanbieter. Sie sind weder Bittsteller noch ein Hausierer. Ihre Rolle ist also die eines leistungsstarken und deshalb potenziell interessanten Gesprächspartners, der eine wichtige Leistung oder ein gutes Produkt vertreibt.

▶ Denken Sie ausschließlich an die einzige Mission beim Erstkontakt: Sie wollen nicht einfach einen Termin! Sie wollen auf sich aufmerksam machen und sich dabei als potenziell interessanter Lieferant, Lösungspartner oder Dienstleister ins Bewusstsein Ihres Ansprechpartners bringen.

Ihre Leistung ist dem Angerufenen grundsätzlich wichtig, auch wenn er reflexhaft entgegnet, er habe „keinen Bedarf" oder er sei „gut versorgt". Mit Ihrem gehirngerechten Nachfragen kommen Sie hinter diese Vorwände.

Im nächsten Schritt müssen Sie wissen, wie Sie Ihren Gesprächsaufhänger formulieren. Sie brauchen sprachliche Bilder, die den Gesprächspartner motivieren, überhaupt mit Ihnen zu reden. Schließlich können Sie am Telefon nur Sprache und Stimme einsetzen. Grundsätzlich sind Stimulanzprogramm und Klärungsprogramm hierfür hilfreich. Im Dominanzprogramm besteht die Gefahr, schnell abgewürgt zu werden. Im Balanceprogramm ist eine zurückhaltend höfliche, aber zähe Abwehr der Normalfall. Um Ihnen Ihre konkrete Formulierung zu erleichtern, geben wir Ihnen hier ein Beispiel:

**Beispiel**

„Guten Tag, ich bin Klaus Heine von der Pfefferminzia Versicherung. Wir sind spezialisiert auf betriebliche Altersvorsorge und auf diesem Gebiet Vorreiter. Die Durchschnittsrendite unserer Produkte liegt bis zu 20 % über dem Durchschnitt üblicher Direktversicherungen. Bei ebenfalls 100-prozentiger Garantie Ihrer Einlagen."

Das ist kurz und knapp und erklärt dennoch Ihr Anliegen. Diese Formulierung zielt durch die Bilder „Vorreiter" und „über dem Durchschnitt" auf Interesse im Stimulanzprogramm. Mit „100-prozentiger Garantie Ihrer Einlagen" wird das Sicherheitsbedürfnis des Balanceprogramms bedient. „20 % über dem Durchschnitt" trägt der Ergebnisorientierung des Dominanzprogramms Rechnung.

Dieses kleine Beispiel zeigt schon, worauf es ankommt: Minimieren Sie das Risiko, dass Ihr Gesprächsaufhänger sofort von seinem Autopiloten geblockt wird! Wenn Sie das schaffen, haben Sie gute Chancen auf ein klärendes Gespräch. Das ist übrigens exakt das Ziel von Kaltakquise. Es geht darum, ins Bewusstsein Ihres Gesprächspartners zu gelangen, seinen Piloten zu aktivieren. Dann laden Sie ihn mit gehirngerechten Fragen dazu ein, mit Ihnen über Ihr Produkt, Ihre Lösung zu sprechen. Im gewählten Beispiel führen Sie das Gespräch weiter mit Fragen wie: „Wie legen Sie derzeit die Einlagen zur Betrieblichen Altersvorsorge an?" „Welcher Personenkreis ist in dieses Programm einbezogen?" oder „Welche Rendite haben Ihre Einlagen in den letzten drei Jahren erzielt?" Solche Fragen helfen Ihnen, das Potenzial dieses Kunden einschätzen zu können und dadurch zu sehen, ob eine weitere Akquise überhaupt Sinn hat. Und Sie erfahren, wie interessant Ihr Angebot aus Sicht des Kunden ist.

Natürlich gibt es trotz perfekter Formulierung zum Einstieg routinemäßig oder „aus Prinzip" regelrechte „Abwimmler", die nicht einmal zuhören, weil sie schon nach dem ersten Satz blockieren. Hier ist der Autopilot besonders scharf eingestellt. Vielleicht auch weil Sie schon der siebzehnte Anrufer sind – es gibt also auch immer Gründe für Absagen, die außerhalb Ihres Auftretens oder Ihrer Leistung liegen.

Wie Sie auf ein dominantes „kein Bedarf" oder ein defensives „wir haben einen bewährten Anbieter und wollen nicht wechseln" aus dem Balanceprogramm mit gehirngerechten Fragen reagieren, haben wir in Kap. 5 ausführlich besprochen.

Fragen Sie stoisch so lange bis Sie wissen, woran Sie hier sind. So bleiben Sie im Gedächtnis und haben in 80 % der Fälle später eine zweite Chance. Wenn Sie das wollen! Etwa weil Ihre Frage: „Kommt denn betriebliche Altersvorsorge grundsätzlich für Sie in Frage?", bejaht wird. Dann können Sie die zweite Chance mit Fragen wie: „Wann ist es aus Ihrer Sicht sinnvoll, dass ich wieder auf Sie zukomme?" herausarbeiten.

Wenn Sie diese Hürde genommen haben, stehen Sie an dem Punkt, dass der Kunde nach Ihren Fragen signalisiert, dass Ihr Angebot grundsätzlich von Interesse ist. Zudem wissen Sie, inwieweit dieser Kunde für Sie attraktiv ist. Entsteht jetzt eine kleine Unterhaltung, dann gehen Sie darauf ein, bleiben aber fokussiert. Sobald sich Ihre Einschätzung zu Interesse und Potenzial gefestigt hat, schlagen Sie ein konkretes Zeitfenster für einen Termin vor. Wenn Ihr Interessent dann seinen Kalender zurate zieht, dann bekommen Sie Ihren Termin.

▶   **Wichtig:** Seien Sie nicht zu übereifrig. Wenn Ihr Kunde einen anderen Termin vorschlägt, dann zögern Sie, etwa mit Aussagen wie: „In dieser Woche wird es schwierig".

Es darf nicht der Eindruck entstehen, Sie hätten einen leeren Terminkalender. Schlagen Sie beispielsweise zwei Tage in der Woche darauf vor. Passt das nicht, dann nehmen Sie einen der Terminvorschläge des Kunden aus Ihrer „schwierigen Woche". „Unser Kennenlernen ist mir sehr wichtig. Ich schaufele mir den von Ihnen vorhin vorgeschlagenen Mittwoch frei. Dann nehmen wir gleich 15 Uhr. Einverstanden?". So zeigen Sie einerseits Ihrem Kunden, dass er Ihnen wichtig ist. Andererseits machen Sie es dem Kunden psychologisch schwer, diesen Termin kurzfristig wieder abzusagen. Schließlich kennt er Sie und Ihr Unternehmen nicht oder kaum, was Ihrem Termin aus seiner Sicht eine niedrige Priorität gibt.

Sprechen Sie noch die Dauer des Termins und weitere mögliche Teilnehmer ab. Klären Sie den technischen Rahmen, falls Sie zwingend etwas zeigen oder vorführen müssen, um Ihr Angebot zu präsentieren. Die Betonung liegt hier auf „zwingend"! Nehmen Sie Kennenlernen wörtlich. Es geht in erster Linie um Sie und den Kunden. Dann um Ihr Unternehmen und die Ansätze, die sich für Ihre Produkte und Leistungen ergeben. Es ist extrem selten, dass Sie einen Ersttermin mit einem großen Teilnehmerkreis haben, der eine Präsentation erwartet.

Aber auch „Interessenten für eine der zweiten Chancen" sind wertvoll. Wenn es im Moment nicht passt, dann ist es so. Sie brauchen immer neue Kunden, auch in einigen Monaten oder vielleicht Jahren. Klären Sie, wann Sie sich wieder melden können. Ist der Zeitraum sehr lang, dann fragen Sie, ob Sie beispielsweise über neue Produkte, Kundenveranstaltungen oder Presseberichte informieren dürfen. Vielleicht haben Sie auch einen Newsletter, den Ihr Interessent sich einmal probeweise anschaut. Versuchen Sie alles, um in Erinnerung zu bleiben!

▶ **Wichtig:** Bereiten Sie sich gut auf solche Telefonate vor, nehmen Sie sich Zeit dafür. Fragen Sie immer wieder nach, wenn Sie nicht sofort verstehen, was für den Kunden und sein Unternehmen wichtig und richtig ist. Erfolgreiche Akquise am Telefon ist etwa 80 % Vorbereitung und 20 % verinnerlichte Gesprächstechnik.

## 6.2 Erstgespräche vorbereiten

Den wichtigsten Schritt kennen Sie inzwischen sicher: Eine gute Vorbereitung. Neben der Fokussierung auf den bzw. die Ansprechpartner und ihrer Rolle bzw. Auftritt steht die Klärung Ihrer Mission im Mittelpunkt.

Durch Ihre Recherchen im Vorfeld der Telefonakquise und das Telefonat zur Terminvereinbarung wissen Sie schon einiges über Ihren Gesprächspartner, sein Unternehmen und seine Interessenschwerpunkte. Ihr Kundenfokus für das Gespräch ist damit klar umrissen. Auch Ihre Rolle ist in der Regel dadurch klar, denn Sie wissen, was Sie anbieten können und ob Sie dabei einen Marktführer vertreten, einen innovativen Nischenanbieter vorstellen oder sich als umfassender Problemlöser positionieren.

Wie sieht nun Ihre konkrete Mission aus? Jedes Erstgespräch ist eine einmalige Gelegenheit, für die Sie bereits hart gearbeitet haben. Die inhaltliche Vorbereitung ist dafür die notwendige Grundlage. Der entscheidende Erfolgsfaktor liegt jedoch in Ihre Einstellung, an der Sie immer wieder arbeiten müssen. Der Aufwand dafür reduziert sich natürlich mit zunehmender Erfahrung. Arbeiten Sie vor allem an Ihrer festen Überzeugung, „Ich weiß, was ich will und was ich dafür tun muss!" Verbunden mit der Einsicht: „Bevor ich handle, will ich alles klären und verstehen." Erst wenn Sie diese begründete (!) Überzeugung gewonnen haben, sind Sie gut vorbereitet. Begründet bedeutet, dass Sie für sich selbst klare Aussagen dazu treffen können, was Sie wollen, was Sie können, warum Ihre Leistung für diesen Kunden wichtig ist, wie Sie vorgehen werden und welche Alternativen Sie im Gespräch haben. Das Zusammenspiel von Dominanzprogramm und Pilot ist hier Ihr Schlüssel zum Erfolg. Dabei gilt: „Reden ist Silber, Schweigen (und Zuhören) ist Gold und Fragen stellen ist Platin." Verinnerlichen Sie die Formel:

▶ „Fragen + Zuhören + Reden = Erfolgreiches Erstgespräch"

Wenn Sie sich so auf ein Erstgespräch vorbereiten, dann können Sie sich aufrichtig auf den Gesprächstermin freuen. Sie bleiben natürlich und locker und interessieren sich für Ihren Gesprächspartner und das, was Sie von ihm erfahren wollen. Im Gespräch sind Sie authentisch, wirken von innen heraus positiv und strahlen Kompetenz aus.

Sie vermissen hier Aussagen zu Stimulanz- und Balanceprogramm? Nun, in einer solchen Situation ist unser Stimulanzprogramm zu geltungsbedürftig, zu optimistisch und zu unkritisch. Und unser Balanceprogramm zu harmoniebedürftig, dadurch nachgiebig und zu leicht bereit, Konzessionen einzugehen, die man später bereut.

Erst wenn Sie Ihren Interessenten, seine Situation und seine Bedürfnisse und Anforderungen verstehen, ist es sinnvoll, über Ihre Möglichkeiten zu sprechen. Und zwar über die, die dem Kunden in seiner aktuellen Situation nützen. Nicht über alles, was Sie und Ihr Unternehmen anbieten.

Im Erstgespräch geht es in erster Linie darum herauszufinden, ob die angebotenen Dienstleistungen bzw. Produkte passen oder nicht passen – und zu Ihrem Angebot gehört die Kundenbeziehung als zentrales Moment dazu. Dieses primäre Ziel müssen Sie verinnerlichen! Das ist die wesentliche Frage, die Sie klären müssen. Erst wenn das klar ist, erst dann lohnt sich „verkaufen". Kein Kunde kauft, was er nicht braucht. Und kein Kunde kauft von jemandem, wenn die Chemie nicht stimmt. Stellen Sie dazu Fragen wie:

• Wann planen Sie die nächste Investition in diesem Bereich?
• Nach welchen Kriterien wählen Sie Ihre Lieferanten (Geschäftspartner) aus?
• Was können wir tun, um mit anbieten zu dürfen?

Akzeptieren Sie es, wenn Sie nicht erfüllen können, was ein Kunde braucht. Wenn Sie das erkennen und offen zugeben, dann hinterlassen Sie einen kompetenten und ehrlichen Eindruck. Dann dürfen Sie gerne wiederkommen, wenn Sie etwas Neues haben. Und dieser Kunde erinnert sich positiv an Sie, wenn sich sein Bedarf ändert oder auch, wenn er eines Tages das Unternehmen wechselt.

Ziele und mögliche Ergebnisse eines Erstgespräches lassen sich demnach wie folgt zusammenfassen:

• **Ziel A:** Ich identifiziere einen aktuellen Bedarf beim Kunden, der Kunde akzeptiert mich als potenziellen Anbieter und ich bespreche mit dem Kunden die Abgabe eines entsprechenden Angebotes.
• **Ziel B:** Der Kunde hat keinen konkreten Bedarf für mein Portfolio. Doch es gelingt mir, sein Interesse zu wecken, um für zukünftige Projekte oder verän-

derte Situationen anbieten zu können. Dafür gibt es einen konkreten Termin, zu dem wir uns verabreden.

- **Ziel C:** Wir finden keinen greifbaren Ansatzpunkt. Wir vereinbaren, dass und wie wir in Kontakt bleiben.

Wenn Sie sich diese drei Ziele verinnerlichen, können Sie emotional wesentlich leichter mit einem „Nein" zu Ziel A umgehen. Wenn Sie Ihren Autopiloten auf diese drei Ziele „programmieren", diese also intensiv verinnerlichen, dann steuert Ihr Autopilot nach Ziel A direkt auf Ziel B an.

Sie haben alles getan, um zumindest Ziel C zu erreichen, und es passt dennoch nicht? Dann richten Sie Ihr geistiges Auge auf Ihre gut gefüllte Interessentenliste. Man kann nichts erzwingen. Manchmal passt es einfach nicht. Neues Spiel, neues Glück – verabschieden Sie sich freundlich und erhobenen Hauptes. Schließlich haben Sie sich nichts vorzuwerfen!

## 6.3 Gesprächseröffnung

Nicht nur im Erstgespräch stellt sich die Frage nach dem Small Talk. Das Thema interessiert besonders im Vertrieb viele Menschen. Denn niemand fällt gerne mit der Tür ins Haus. Es gibt zahlreiche spezielle Seminare und viele Bücher, in denen Sie lernen können, wie Sie leichte, unverbindliche und unkomplizierte Konversation führen. Small Talk wird empfohlen, um sich auf ein Gespräch einzustimmen. Die Teilnehmer kommen alle aus anderen Situationen und sind dadurch oft ganz unterschiedlich gestimmt. Deshalb ist es angenehm, wenn ein paar Minuten Zeit zum Ankommen bleiben. Zudem bietet Ihnen diese einleitende Gesprachsphase die Moglichkeit, etwas von Ihrem Gegenüber zu erfahren, seine Stimmung für das Gespräch positiv zu beeinflussen.

Von manchen wird Small Talk jedoch als oberflächliche Zeitverschwendung abgelehnt. Außerdem wissen manche auch nicht, worüber sie reden können. Dann wird die Situation nach zwei Bemerkungen über das Wetter schnell verkrampft.

▶ Die beste Empfehlung ist einfach: Überlassen Sie Ihrem Kunden die Wahl. Warten Sie ab, ob der Kunde nach der Begrüßung einen Small Talk beginnt.

Im Vertrieb besuchen Sie Ihre Kunden in ihrem Unternehmen, daher ist der Kunde in der Rolle des Gastgebers, der das Gespräch eröffnet. Wenn der direkt auf Ihr Thema zusteuert, gehen Sie natürlich mit. Wenn Ihr Gesprächspartner Sie zu einer kleinen Konversation einlädt, dann lassen Sie sich offen und interessiert darauf ein. Stellen Sie anregende Fragen, laden Sie den Kunden ein, über seine Erlebnisse oder Ansichten zu sprechen. Beteiligen Sie sich am Small Talk, wenn Sie etwas Interessantes und Unverfängliches beitragen können. Doch fassen Sie sich kurz und überlassen Sie Ihrem Kunden schnell wieder durch eine Frage die Bühne. Wenn er oder sie persönliche Dinge ansprechen (Kinder, Haus, Urlaub) fragen Sie auch dazu höflich, aber nicht penetrant nach. Gute Zuhörer werden immer geschätzt.

Diese Strategie empfiehlt sich natürlich besonders dann, wenn Sie kein brillanter Erzähler oder kein besonderer Freund von Small Talk sind. Wenn Sie sich schwertun, ein kleines, nicht unbedingt weltbewegendes Gespräch zu führen, können Sie auch das üben. Welche Sätze fallen Ihnen ein zu Ihren Hobbys, Sport, Kindern, Wetter, Urlaub etc.? Im Sommer oder Winter können Sie über schöne bzw. grässliche Wetter die Brücke zu anderen Ländern und damit Urlaubszielen fragen, ebenso zu Wintersportarten. Überlegen Sie sich allgemeine Fragen, ohne dass Details betreffend Familie, Einkommen oder politische Konstellationen eine Rolle spielen. „Der Sommer ist dieses Jahr so unerfreulich, dass Sie sich sicherlich schon auf Ihren anstehenden Urlaub freuen …" Antwortet Ihr Kunde einsilbig, dann lassen Sie denn Small Talk an dieser Stelle auslaufen.

Einige Menschen sind froh, im sachlich-rationalen Alltag Gelegenheit für einen anregenden Austausch zu finden, daher kann es auch durchaus sein, dass ein Gespräch mit einer längeren Small-Talk-Phase beginnt. Small Talk aktiviert und unterstützt das Stimulanzprogramm. Das kann Ihnen beim Einstieg in das eigentliche Gespräch nützen, denn Gesprächspartner im Stimulanzprogramm sind freigiebig mit Informationen. Sie selbst dürfen jedoch dabei Ihre Ziele für das Gespräch nicht aus dem Auge verlieren. Ein angenehmer Small Talk schafft eine positive Gesprächsatmosphäre, doch er ändert nichts an der grundsätzlichen Ausgangsposition für das Gespräch. Sie sollten also immer Ihr Ziel im Auge behalten.

Bei der Terminvereinbarung haben Sie in der Regel schon über Gesprächsziele und den zeitlichen Rahmen gesprochen. Doch nicht jeder Kunde merkt sich das im Detail oder hat es sich gar notiert. Sie sind also gut beraten, wenn Sie gleich zu Beginn noch einmal den Gesprächsrahmen abgleichen.

**Tipps für den Abgleich des Gesprächsrahmens**
1. **Gesprächsziel:** Beginnen Sie mit einer Frage nach dem Gesprächsziel des Kunden. Zum Beispiel: „Was ist aus Ihrer Sicht das Ziel unseres heutigen Gesprächs?" Warten Sie die Antwort in Ruhe ab, stellen Sie bei Bedarf Verständnisfragen. Wenn es Ihnen geboten erscheint, dann

schlagen Sie ein weiteres Ziel vor, dem Ihr Kunde mit hoher Wahrscheinlichkeit zustimmt. Etwa: „Ich würde heute gerne verstehen, was Ihnen wichtig ist und danach ausloten, wo sich Anknüpfungspunkte ergeben."

2. **Zeit:** Die zweite essenzielle Rahmenbedingung ist die für das Gespräch verfügbare Zeit. Diese haben Sie mit hoher Wahrscheinlichkeit bereits am Telefon besprochen. Doch Terminpläne können sich ändern. Die Priorität eines Gespräches mit Lieferanten setzen Kunden selten sehr hoch an. „Am Telefon hatten wird eine Zeitstunde vereinbart. Passt das noch für Sie?" Die Frage, ob die vereinbarte Zeit noch passt, lehnen viele Autoren vehement ab. Sie warnen davor, schlafende Hunde zu wecken und dem Kunden nicht auch noch ein Schlupfloch anzubieten, um sich schnell aus dem Termin verabschieden zu können. Das stimmt jedoch nur sehr eingeschränkt. Ihr Kunde ist durchaus nicht mit einem schlafenden Hund vergleichbar. Wenn es tatsächlich einen Termin gibt, den Ihr Kunde als wichtiger einschätzt als dieses Gespräch, dann wird er auf jeden Fall pünktlich gehen, auch wenn Sie dies nicht ausdrücklich zuvor abstimmen. Zudem haben Sie dann, auch wenn Ihre Zeitspanne von einer Stunde auf nur noch 45 min schrumpft, dann tatsächlich für 45 min Zeit. Für Ihren Kunden verläuft das Gespräch damit stressfreier, denn Sie versichern ihm, den Zeitrahmen einzuhalten und richten das Gespräch daran aus. Das ist deutlich besser, als wenn Ihr Kunden überraschend mitten in Ihrer Bedarfsklärung das Gespräch abbricht, ohne dass Sie zu einem greifbaren Ergebnis kommen konnten. Mit Ihrer Frage nehmen Sie ihm zudem sein schlechtes Gewissen und Sie zeigen, dass Sie Profi sind. Beweisen Sie das durch exzellente Gesprächsführung in 45 min!

3. **Gesprächsablauf:** Die dritte und nicht minder wichtige Rahmenbedingung ist der Ablauf des Gesprächs. Für Sie ist es wichtig, dem Kunden Ihre Fragen zu stellen. Der Kunde soll Ihnen möglichst viel von sich und seinem Unternehmen erzählen – und Sie hören aktiv zu! Bitten Sie den Kunden zunächst um seinen Vorschlag: „Wie wollen wir am besten vorgehen?" Die Mehrzahl der Kunden antwortet darauf Ihnen entgegenkommend mit „Ich schlage vor, ich erzähle Ihnen erst einmal, wie wir arbeiten und was wir uns vorstellen könnten." Jetzt bitte nur still freuen und nicht zu breit grinsen! Das ist exakt, das was Sie brauchen! Seltener wollen die Kunden den Spieß umdrehen, „Erzählen Sie einfach mal, was Sie so anbieten und was das Besondere daran ist." Vorsicht Falle! Solange Sie nicht genau wissen, was der Kunde braucht und erwartet,

ist die Gefahr groß, dass Sie seine Erwartungen nicht treffen. Bloße Leistungsbeschreibungen wirken schnell langweilig. Am Ende werden Sie gar noch mit der Frage konfrontiert: „Was können Sie darüber hinaus noch?". Deshalb machen Sie nach maximal zwei drei allgemeinen Sätzen über Ihr Unternehmen den Gegenvorschlag, der den Kunden auf einen Sockel hebt: „Darf ich Ihnen, bevor ich weitergehe, erst einmal ein paar Fragen stellen. Dann kann ich Ihnen nämlich ganz gezielt die Informationen geben, die Sie auch wirklich brauchen. Einverstanden?" Von diesem Sockel steigt kein Kunde wieder herab.

Wenn Sie so einsteigen, zeigen Sie von Anfang an, dass Sie ein Profi sind und dass es eine gute Entscheidung war, Sie einzuladen.

Sie selbst haben eine feste Gesprächsstruktur, an der Sie sich orientieren können. Wenn Ihr Kunde, oder auch Sie selbst, einmal davon abweichen, haben Sie immer wieder einen roten Faden, an dem Sie sich orientieren können. Am Anfang erfordert dieses strukturierte Vorgehen noch Konzentration von Ihnen. Vielleicht werfen Sie auch hin und wieder einen kurzen Blick auf Ihre Notizen zur Gesprächsvorbereitung. Mit der Zeit geht Ihnen das alles aber in Fleisch und Blut über und wird selbstverständlich.

## 6.4    Bedarfsermittlung

Den ersten Schritt haben Sie mit Ihrer Gesprächseröffnung getan. Sie geben dem Kunden die Gelegenheit über alles zu sprechen, was Sie wissen müssen, um den Kunden zu verstehen:

- sein Geschäftsfeld, sein Unternehmen, dessen Stärken und die Kundenstruktur,
- seine Stellung und sein Umfeld im Unternehmen,
- die Entscheidungswege im Unternehmen,
- seine Sprache und die Art zu argumentieren,
- welche Argumente ihm am ehesten überzeugen werden,
- ob Sie an ihn etwas verkaufen können,
- seine Meinung über Ihr Unternehmen und Ihre Produkte und Lösungen.

Kurz: Sie gehen genauso vor wie ein guter Arzt bei einem neuen Patienten, nämlich mit einer gründlichen Anamnese.

Natürlich haben Sie vieles über Ihr Unternehmen und Ihre Angebote zu sagen. Das führt oft dazu, dass Verkäufer zu früh argumentieren, weil sie schon nach wenigen Aussagen des Kunden zu wissen glauben, was dieser braucht. Das ist gefährlich! Sie kommen leicht ins Schwimmen, wenn Sie doch noch nicht alles wissen oder verstanden haben, sobald der Kunde einen neuen, für Sie nicht erwarteten Aspekt anspricht. Nichts ist schlimmer, als wenn Sie daraufhin zurückrudern und eine andere Leistung herausstellen müssen. Das gilt insbesondere dann, wenn Sie im Unternehmen des Kunden ein gravierendes Problem identifizieren. Wenn Sie das sofort ansprechen, werden Sie enttäuscht feststellen, dass Ihr Kunde das vehement bestreitet oder zumindest klein redet und es als unbedeutend hinstellt. Warum das so ist? Nun, ein Problem des Kunden, das Sie und nicht er ansprechen, wirkt aus Sicht seiner Amygdala wie ein Angriff – und wird emotional sofort blockiert.

Ein kleines Beispiel aus dem Alltag mag das illustrieren.

**Beispiel**

Nehmen wir an, Sie haben einen guten Freund, der schon bei leichter Anstrengung schnell außer Puste kommt. Für Sie ist es offensichtlich, er wiegt mindestens zehn Kilo zu viel. Er selbst wird sagen, dass er wohl endlich mal ein paar Pfund abspecken müsste. Wenn Sie ihn jetzt direkt auf sein Übergewicht ansprechen und ihm vorschlagen, doch regelmäßig mit Ihnen ins Fitnessstudio zu kommen, stimmt er dann hocherfreut zu? Nein! Er wird beispielsweise sagen, er hat dafür keine Zeit und er muss zunächst er ein bisschen weniger essen, bevor er den Sport intensiviert. Und dann wird er schnell das Thema wechseln.

Wenn Sie dagegen beiläufig zugeben, dass auch Sie gerne essen und deshalb ständig mit dem Gewicht kämpfen, wird er abwinken und sagen, Sie hätten doch gar kein Problem. Wenn Sie dann zugeben, dass Sie Ihr Gewicht nur durch regelmäßiges Training im Fitnessstudio halten können, weil Sie einfach keine Disziplin beim Essen haben, wird ihn das nachdenklich stimmen. Wenn er dann Fragen stellt, was Sie da genau machen und wie oft Sie gehen, dann tut sich die Möglichkeit auf, ihn vorsichtig und Schritt für Schritt zu überzeugen. Es muss seine Idee sein, Sie zu begleiten!

Also, bleiben Sie geduldig und hören Sie zu. Erst wenn Sie ganz sicher sind, dass Sie genau verstanden haben, was dem Kunden wirklich wichtig ist und damit, welche Ihrer Informationen für ihn überhaupt relevant sind, erst dann liefern Sie Argumente und Informationen. Und wenn Sie ein Problem erkennen, dann helfen

Sie Ihrem Kunden mit behutsamen Fragen, es selbst auszusprechen. Wenn Sie das richtig gut machen, fragen manche Kunden von selbst, ob Sie nicht eine Lösung dafür haben.

▶ Der Schlüssel zum Verkaufen liegt in der Kunst, gehirngerecht zu fragen und aktiv zuzuhören, und nicht in der Kunst zu reden. Das hat schon Aristoteles vor gut 2400 Jahren herausgearbeitet und es ist heute genau so aktuell wie damals.

Wir haben schon im ersten Kapitel „Wie der Mensch tickt" ausführlich darüber gesprochen: Die Amygdala blockiert unwillkommene Argumente! Nur gehirngerechte Fragen – und Argumente, die willkommen sind, passieren und erreichen den Piloten. Das gilt auch für die Probleme des Kunden. Wenn Sie eines identifizieren und vermuten, dann stellen Sie Fragen, die dabei helfen, das Problem herauszuarbeiten. Entscheidend ist, dass Ihr Gesprächspartner das Problem dann selbst anspricht. Erst dann sind Ihre Lösungsvorschläge emotional willkommen. Wenn ein Kunde ein für Sie offensichtliches Problem im ersten Gespräch nicht anspricht, dann tun Sie das auch nicht. Es mag Gründe dafür geben oder das Thema ist so unangenehm, dass Sie Gefahr laufen, sich mit Ausführungen dazu selbst ins Aus zu schießen. Zudem will niemand beim ersten Kontakt von seinem Gegenüber belehrt werden. Wenn der Kunde kein Sicherheitssystem hat oder braucht, dann können Sie maximal einmal nachfragen. Danach lassen Sie das Thema im Raum stehen. Es kann sich durchaus die Möglichkeit ergeben, zu einem späteren Zeitpunkt noch einmal darauf zu sprechen zu kommen.

Es gibt aber noch einen weiteren wesentlichen Grund, warum Sie so viel wie möglich erfahren müssen und daher weitere Fragen stellen sollten. Denn für menschliche Entscheidungen gilt:

• emotionale (weiche) Faktoren sind die Grundlage jeder Entscheidung,
• Fakten (harte Faktoren) begründen die getroffene Entscheidung lediglich.

Nach jeder getroffenen Entscheidung werden zur Begründung in der Regel ausschließlich die harten Fakten genannt. Denn in unserem Kulturkreis stehen emotionale Entscheidungen für Schwäche. Haben Sie also Geduld. Argumentieren Sie erst, wenn Sie das Entscheidungsmuster Ihres Kunden aus weichen und harten Faktoren verstanden haben. Im Folgenden geben wir Ihnen eine Auswahl.

**Entscheidungsrelevante, weiche Faktoren**

- **Reputation:** In einer Zeit unsicherer Märkte und globalen Wettbewerbs stellt sich bei jedem Geschäft, bei jedem Auftrag grundsätzlich die Frage, „ist das der richtige Geschäftspartner für mich, für unser Unternehmen?".
- **Unternehmensstabilität:** Gerade wenn es um eine langfristige Geschäftsbeziehung geht, ist dies ein gewichtiges Argument.
- **Kompetenz:** Sie und Ihre Ausstrahlung von Kompetenz sind ein sehr wesentliches Kaufargument. Zeigen Sie sich als Experte, Spezialist, Visionär oder Vertrauensperson – je nach Programm, die Sie bei Ihrem Gegenüber ansprechen oder bedienen wollen. (Dominanz schätzt Experten, Stimulanz Visionäre, Balance Vertrauenspersonen und das Klärungsprogramm des Piloten vertraut auf Spezialisten).
- **Unkompliziertheit:** Strahlen Sie aus, dass es einfach ist, mit Ihnen Geschäfte zu machen.
- **Partnerschaft:** Aus einem gemeinsamen Interesse können für beide Seiten Synergien erwachsen. Nichts verbindet mehr als gemeinsamer Erfolg – auch schon die Aussicht darauf.
- **Stimmigkeit:** Der Gleichklang von Qualität, Zuverlässigkeit und Service sind ein Pfund, mit dem Sie in jedem Verkaufsgespräch wuchern können.
- **Autorität:** Als Marktführer, gefeierter Innovator, spezialisierter Nischenanbieter oder als „Geheimtipp" erhält Ihr Angebot besonderes Gewicht.
- **Bekanntheit:** So viele Kunden können schließlich nicht irren …
- **Exklusivität:** Alleinstellungsmerkmale liefern starke Argumente.
- **Qualität:** Kann sich manifestieren in höherem Nutzen, Unverwüstlichkeit (beides zählt vor allem für Menschen im Dominanzprogramm), Langlebigkeit und vorhersehbare, gleichbleibenden Eigenschaften (wichtig vor allem für Kunden im Balanceprogramm).
- **Knappheit:** Was knapp ist, muss gut sein.
- **Lieferfähigkeit:** Wenn Sie eher liefern können als die Konkurrenz, dann beeindruckt das.
- **Service:** Was passiert bei Problemen? – Sie haben natürlich diese Situationen sicher im Griff.
- **Betriebskosten:** Das sind z. B. Aufwendungen für Implementierung, Training, Wartung und laufende Kosten. Wenn Sie hier Einsparungen gegenüber dem Wettbewerb aufzeigen, können Sie durchaus punkten.
- **Positionierung des Kunden:** Setzt Ihr Kunde auf Mehrwert und Qualität, dann können Sie Ihre Gesprächsstrategie natürlich hierauf aufbauen. Sieht er sich dagegen als Kostenführer, dann brauchen Sie eine gute Vorbereitung für die Preisdiskussion.

- **Gemeinsame Werte:** Das mögliche Spektrum reicht von Umweltfreundlichkeit über soziales Engagement bis zu ethischen und moralischen Werten. Wenn hier wirkliche Gemeinsamkeiten bestehen, kann das ein valides Plus für Sie sein.

Das ist eine umfassende Auswahl möglicher weicher, emotional wirkender Kaufmotive. Natürlich sind bei jedem Kunden nur einige, vielleicht auch nur eines davon für Ihr Angebot relevant. Welche oder welches, das müssen Sie „zwischen den Zeilen" heraushören oder geschickt erfragen. Manche Motive erkennen Sie schon auf der Webseite des Unternehmens. Fragen Sie trotzdem vorsichtig danach, denn nicht alles, was öffentlich gesagt wird, spielt eine zentrale Rolle. Nutzen Sie zu Beginn die Auswahl an Motiven als Checkliste, die Ihnen hilft, sich einen individuellen Fragenkatalog für das Portfolio Ihrer Angebote zusammenzustellen. Auch die Argumente, die Ihr Unternehmen in der Regel standardmäßig liefert, können Sie mit dieser Aufstellung noch einmal stimmig aufbereiten. Für beides helfen Ihnen die unter wort.macht.punkt. besprochenen Regeln.

Damit Sie sich noch leichter tun, Ideen und Muster für Ihren Fragenkatalog zu erstellen, finden Sie hier noch ein paar praktische Beispiele.

**Beispiele**

- Die Antwort des Kunden auf die Frage: „Wie zufrieden sind Sie denn mit dem Service Ihres jetzigen Lieferanten?" hilft Ihnen bei der Einschätzung, wie wichtig ihm Service wirklich ist. Sie müssen nur seine Antwort interpretieren!
- „Wie lange dauert es, begonnen von Ihrer internen Freigabe einer Beschaffung bis zum Arbeitsplatz des anfordernden Mitarbeiters?" Mit dieser Frage erhalten Sie Aufschluss über Lieferfähigkeit und Abwicklung des derzeitigen Lieferanten.
- „Wie gewichten Sie Produktpreis und Total Cost of Ownership bei Ihren Anlagen?" Die Antwort zeigt Ihnen, ob Betriebskosten analysiert und bei Investitionen berücksichtigt werden. Unter Umständen erhalten Sie sogar einen Hinweis auf mögliche Schwachstellen im Unternehmen des Kunden.

Indem Sie Ihre Fragen daran ausrichten, gerade auch die weichen Entscheidungsfaktoren Ihres Kunden zu verstehen, erfahren Sie zudem sehr viel über die Unternehmenskultur und die persönliche Einstellung Ihres Gesprächspartners. Erst wenn Sie das sichere Gefühl haben, auf einer Wellenlänge mit dem Kunden zu sein und bereits viele Antworten erhalten haben, können Sie die Situation Ihres Kunden richtig einschätzen. Erst dann ist die Zeit reif für den nächsten Schritt.

## 6.5  Lösungsvorschlag

Sie haben sich jetzt ein gutes Bild davon gemacht, was Ihrem Kunden wichtig ist und welche Ihrer Leistungen für ihn passt. Nun geht es darum, Ihre Expertise zu zeigen, indem Sie gemeinsam mit dem Kunden eine für ihn, aus seiner Sicht, optimale Lösung entwickeln. Hüten Sie sich vor Schnellschüssen mit dem Credo: „Damit sind schon viele Kunden absolut zufrieden." Agieren Sie als Berater, machen Sie Vorschläge, bringen Sie Ideen und Ihre Erfahrungen ein. Diskutieren Sie diese mit Ihrem Kunden, fragen Sie ihn nach seinen Erfahrungen und Ideen. Ihre Expertise untermauern Sie also nicht, indem Sie wie ein Arzt das richtige Medikament verordnen. Ihre Expertise zeigen Sie vielmehr dadurch, dass Sie Ihrem Kunden folgen und die Entscheidungswege für ihn aufzeigen. Der Vorteil besteht darin, dass Ihr Kunde entscheidet und sich damit zugleich selbst überzeugt, dass die Lösung genau die richtige für ihn ist.

Auch wenn Ihr Kunde entscheidet, Sie führen das Gespräch, mit dem Effekt, dass er sich so hundertprozentig mit der Lösung identifiziert. Nur so wird er sich im weiteren internen Entscheidungsprozess auch nachdrücklich dafür einsetzen. Das ist gerade dann besonders wichtig, wenn mehrere Angebote eingeholt werden müssen oder der Auftrag gar ausgeschrieben wird. Wenn Ihr Kunde wirklich von der gemeinsamen Lösung überzeugt ist, muss Ihnen auch die Ausschreibung keine Sorgen machen.

**Regeln und Tipps für die gemeinsame Lösungsentwicklung**
Im Gegensatz zu den bisherigen Gesprächsphasen, in denen Ihr Redeanteil 30 % nicht wesentlich überschreiten sollte, geht es in diesem Gesprächsabschnitt um einen kreativen, zielführenden Dialog, in den sich beide, Sie und Ihr Kunde, gleichermaßen einbringen. Ideal ist es, wenn eine partnerschaftliche Arbeitsatmosphäre entsteht. Doch vergessen Sie nicht, dies ist kein Wettbewerb! Der Kunde ist nur temporär Ihr kollegialer Mitstreiter, er bleibt König. Was Sie auf keinen Fall brauchen ist ein im Dominanzprogramm ausgetragener Wettbewerb mit dem Kunden.

Behalten Sie bei aller Freude und Begeisterung Ihre Konzentration hoch. Wenn Sie wirklich einmal den Kunden unterbrochen haben, dann reden Sie zügig zu Ende und geben dann Ihrem Kunden wieder das Wort, „Tut mir leid, Sie wollten gerade etwas sagen. Ich war ein wenig zu schnell." Das stellt sowohl das Dominanz- als auch das Stimulanzprogramm Ihres Kunden zufrieden. Falls Ihre Gesprächsunsicherheit sein Balanceprogramm aktiviert hat, wird er Ihre Höflichkeit dankbar annehmen. Kurz, Sie gehen auf Nummer sicher und vermeiden in jedem Fall eine Stimmungseintrübung des Autopiloten Ihres Kunden.

Wenn Sie etwas vorschlagen, dann ist das ein Vorschlag und keine in Stein gemeißelte unverrückbare Aussage. Erinnern Sie sich im Kapitel wort.macht. punkt. an die Aussage zum Konjunktiv? „Kein Konjunktiv – es sei denn er ist wichtig!". Und hier, wenn Sie Ihrem Kunden etwas vorschlagen – oder ihm gar widersprechen, ist der Konjunktiv wichtig. Um Ihren Gesprächspartner nicht von oben herab abzukanzeln, sagen Sie statt: „Dieser Schritt lässt sich problemlos einsparen" besser: „Ich könnte mir vorstellen, dass sich dieser Schritt unter Umständen einsparen lässt. Was meinen Sie?" Damit laden Sie den Kunden ein, Ihren Gedanken zu prüfen. Wenn er zustimmt, dann fragen Sie: „Können wir das dann so festhalten? Das könnte aus meiner Sicht das weitere Vorgehen vereinfachen." Diese Frage kann er im Klärungsprogramm auf sich wirken lassen und dann entscheiden. Stimmt er Ihnen zu, dann hat er die Entscheidung getroffen. Ihr Ego muss das aushalten, denn Sie wollen, dass Ihr Kunde am Ende kauft. Stimmt er Ihnen nicht zu, dann verlieren Sie erstens nicht Ihr Gesicht, da Sie „nur" eine Frage im Konjunktiv gestellt haben. Und zweitens, falls der Kunde seine Ablehnung nicht schlüssig begründet, haben Sie eine Chance zu fragen: „Was lässt Sie zögern?" oder „Welche Schwierigkeiten sehen Sie dadurch?"

Dieses ausführliche Beispiel mag Ihnen kompliziert vorkommen, vielleicht fragen Sie sich sogar, wie Sie das in der Praxis umsetzen können. Deshalb betrachten wir diese Gesprächssituation der Lösungsentwicklung jetzt einmal allgemein, im Kontext der im Buch entwickelten Praktischen Emotionalen Kompetenz (PEK). Beginnen wir mit Ihrer Rolle in dieser Situation. Sie wollen einen Auftrag, mittels einer Lösung, die Ihr Unternehmen mit Gewinn liefern kann. Sie haben durch die bisherige Bedarfsermittlung bereits klare Vorstellungen davon, was Sie dem Kunden anbieten können. Nun haben Sie zwei grundsätzliche Möglichkeiten.

A. Sie sagen dem Kunden, dass Sie sein Problem verstanden haben und Ihr Produkt XXX passt dafür genau. Falls dies das Budget des Kunden sprengt, kommt auch YYY als Einstiegslösung infrage. Mögliche Einwände entkräften Sie mit stichhaltigen Argumenten. Sie loben den Kunden für seine klare Problembeschreibung. Doch Sie lassen ihm nur Wahl XXX oder YYY, denn Sie sind ein Vertriebsprofi!

B. Sie besprechen mit dem Kunden Lösungsmöglichkeiten und machen Vorschläge, die der Kunde abwägt und mit Ihnen diskutiert. Der Kunde trifft in jedem Zwischenschritt seine Entscheidung, angeregt durch Ihre Vorschläge und Fragen. Der Kunde kommt zu dem Schluss, dass XXX im Moment zu groß ist und YYY ihm nicht reicht. Aber ZZZ wäre aus seiner Sicht genau der richtige Start. Natürlich ist ZZZ ebenfalls in Ihrem Portfolio und im Laufe der Diskussion wurde Ihnen klar, dass der Kunde hierzu tendiert. Natürlich loben Sie die Entscheidung für ZZZ.

Analysieren wir nun die Varianten A und B vor dem Hintergrund, wie der Mensch tickt. Aus Sicht des emotionslosen Piloten ist gegen beide Varianten nichts einzuwenden. Damit steht es 1:1. Doch unser Pilot bereitet Entscheidungen lediglich vor, er entscheidet nicht allein. Jede Entscheidung ist mit Emotionen verbunden und fällt deshalb nicht ohne Einbindung des Autopiloten. Wer hierzu mehr wissen will, der findet das bei Hans-Georg Häusel, Brain View (2008). Betrachten wir jetzt **beide Varianten aus Sicht des Autopiloten.**

- Ein Kunde im **Stimulanzprogramm** reagiert auf A eher neutral. Es fühlt sich einerseits ernst genommen, das rege Interesse des Verkäufers war toll. Andererseits erscheint der eigene Beitrag kaum der Rede wert. Der Kunde hat im Fall A lediglich ein paar Fragen beantwortet, und damit aus seiner Sicht nichts Wesentliches zur Entscheidung beigetragen. Im Fall B ist der eigene Beitrag klar ersichtlich. Ihr Kunde hat die Lösung selbst entwickelt! Und der Verkäufer musste nur noch anerkennend zustimmen. Damit steht es 1:2, Variante B führt.
- Ein Kunde im **Dominanzprogramm** lehnt A klar ab. Es fühlt sich bevormundet und wird eine zweite Meinung einholen. In Variante B hingegen hat er zunächst schon mal ein klares Ergebnis geliefert. Der Verkäufer hatte daran seinen Anteil, aber ohne den Kunden wäre das Ergebnis nicht möglich gewesen. Außerdem – ZZZ ist die Idee des Kunden! Damit steht es jetzt schon 1:3 für Variante B.
- Bleibt das **Balanceprogramm.** Der Verkäufer hat im Fall A sehr viel Interesse gezeigt, das war gut und wirkte seriös. Doch die beiden Möglichkeiten XXX und YYY waren dann plötzlich die einzigen Lösungen. Woher weiß ein vorsichtiger Kunde denn, dass es nicht noch etwas Anderes, Besseres gibt? Alle Bedenken hat der Verkäufer wortgewandt zerredet, der Kunde konnte gar nichts mehr sagen. Aus der Sicht des Balanceprogramms ist es besser, wenn sich der Kunde im Fall A erst einmal ein schriftliches Angebot schicken lässt, um es dann mit den Kollegen zu besprechen.

Der Verkäufer in Fall B war sehr interessiert und geduldig. Er hat den Kunden nie bedrängt, was im Balanceprogramm besonders wichtig ist. Seine Fragen hat er alle beantwortet. Als dem Kunden eine kluge Lösungsvariante einfiel, hat er sie sich angehört und den Kunden bei der Entwicklung des Lösungswegs unterstützt. Damit hat der Kunde viel Bestätigung erfahren und ein gutes Gefühl mit der selbst entwickelten Lösung.

- Im Ergebnis also: A gegen B endet 1:4!

Natürlich treffen Sie im wahren Leben nicht auf solche eindimensionalen Kunden. Doch aus den vorherigen Schilderungen wird klar: Egal in welchem Programm Sie agieren, den Autopiloten Ihres Kunden können Sie für sich gewinnen oder verprellen. Letzteres müssen Sie unter allen Umständen vermeiden. Der beste Weg ist daher eine behutsame, weiche und dennoch zielorientierte Gesprächsführung. Sie stellen die Fragen und führen das Gespräch, besonnen und respektvoll, im Tempo des Kunden. Aber – Sie führen! Auf jeden Fall solange bis sich eine Lösung für Ihren Kunden herauskristallisiert. Ihr Kunde ist jetzt überzeugt, was er braucht und will und Sie sind jetzt sicher, dass Ihr Kunde für sich die beste Lösung gefunden hat und Sie genau das liefern können.

Doch damit ändert sich die Situation! Ihr Gesprächspartner ist überzeugt und entschlossen. Doch was ist mit den anderen? Den anderen Entscheidern im Prozess? Den Kollegen? Den Mitarbeitern? Selbst ein Einzelunternehmer oder eine Privatperson hat ein Umfeld, dem die Entscheidung zumindest erklärt, wenn nicht gar gerechtfertigt werden muss. Jetzt und zwar erst jetzt, braucht Ihr Kunde Argumente!

**Regeln und Tipps für Ihre Argumente**

Im bisherigen Gesprächsverlauf haben Sie herausgearbeitet, was Ihren Kunden wirklich interessiert, was er braucht und wie er nach seinen Kriterien entscheidet. Es ist jetzt an Ihnen, dem Kunden greifbare, rational begründete Argumente für die entwickelte Lösung zu liefern. Und dazu stichhaltige Belege, dass diese Lösung wirtschaftlich vorteilhaft ist. Sie muss sich rechnen. Denn:

▶     Entscheidungen werden emotional getroffen und rational erklärt und
       begründet! Immer in dieser Reihenfolge.

Auch für Ihre Argumente gilt: „Weniger ist mehr." Sie brauchen weder ein Dutzend, noch ein halbes Dutzend Argumente. Im Gegenteil, wer zu viele Argumente vorbringt, der wirkt selbst unsicher und weckt Zweifel. Der Volksmund mit seinen, teilweise Jahrhunderte bewährten, Faustregeln schlägt vor: „aller guten

Dinge sind drei". Wenn Sie nun Ihre Argumente für Ihre Lösung Revue passieren
lassen und priorisieren, dann finden Sie garantiert *das* Schlüsselargument.
Bei unseren Angeboten zur Entwicklung Praktischer Emotionaler Kompetenz
ist das beispielsweise, dass wir „Echtzeit-Kommunikation" vermitteln und trainieren. Dieser Begriff bezieht sich darauf, dass in vielen Alltagssituationen, zum
Beispiel Verkaufsgesprächen oder Verhandlungen, keine Zeit dafür bleibt, lange
zu überlegen oder gar etwas nachzuschlagen. In diesen Situationen haben Sie nur
Ihre verinnerlichten, automatisierten Kompetenzen zur Verfügung. Dieses Schlüsselargument wird unterstützt, einmal durch die zugrunde liegende Trainingsme-
thode, die „gehirngerechtes Lernen und Verinnerlichen" ermöglicht und fördert,
indem sie praktikable Werkzeuge für die Kommunikation übersichtlich geordnet
bereitstellt und vermittelt. Und etablieren wir PEK über einen Prozess der sys-
tematischen und gezielten Kompetenzentwicklung. Dabei werden über einen
längeren Zeitraum mit verschiedenen Methoden, das eigenständige Üben der
Teilnehmer unterstützt und gefördert. In der Übersicht sieht das dann so aus:

- „Echtzeit-Kommunikation": Das Schlagwort klingt innovativ und erstrebens-
  wert. Es weckt die Neugier darauf: „Wie funktioniert das?"
- „Gehirngerechtes Lernen und Verinnerlichen" erläutert das Vorgehen und
  macht die Lösung begreifbar.
- „Systematische und gezielte Kompetenzentwicklung": Klingt hochwertig und
  vor allem nach einem konkreten Nutzen.

Man kann diesen Dreiklang auf die Formel bringen: *was – warum – wie*. Der
Kunde weiß nun genau, was er will. Ein wichtiger Punkt ist: Ein Kunde sollte in
der Lage sein, anderen erklären zu können, was er kaufen will, warum das nütz-
lich und wichtig ist – und wie die Lösung funktioniert. Am besten mit wenigen
einfachen Worten.
*Warum* und *wie* sind wichtig, weil natürlich auch Ihre Wettbewerber erklären,
sie könnten das ebenso und auch ihre Produkte und Lösungen seien toll. Wenn
Sie dem Kunden erklären, warum genau Ihre Qualität besonders ist, was genau
Sie dafür tun und wie Sie das tun, dann heben Sie sich von anderen ab. Wer wirklich herausragend ist, kann das auch erklären. Für Sie ist im Vertrieb entscheidend, Ihren Gesprächspartner in die Lage zu versetzen, allen im Unternehmen an
der Entscheidung Beteiligten, genau darlegen zu können, dass Ihre Lösung optimal ist. Statten Sie ihn mit dieser Kompetenz aus, dann wird Ihr Gesprächspartner zu Ihrem Anwalt in dieser Sache! Aus diesem Grund müssen Ihre Argumente
kurz, prägnant und klar sein. Nur so bleiben nach dem Gesprächstermin die zentralen Punkte hängen.

## 6.6 Gesprächsabschluss und Angebot

Möglicherweise haben Sie sich schon vor einer Weile gefragt, was ist denn mit dem Preis? Der Kunde fragt doch immer nach dem Preis. Wieso fehlt das hier? Der Preis kommt erst an dieser Stelle, weil er niemals das zentrale Kaufargument darstellt, solange das Produkt oder die Leistung noch nicht klar definiert sind – und der Kunde genau das will. Erst dann kommt der Preis wirklich ins Spiel. Entweder weil der Kunde davon ausgeht, dass er vergleichbare Angebote vorliegen hat oder bekommt. Manchmal geht es auch schlicht ums Budget. Auf jeden Fall ist der Preis ein Thema, sobald der Einkauf involviert wird.

Doch ein Schritt nach dem anderen. Bevor Sie über den Preis sprechen, nutzen Sie noch Ihre Chance, dem Kunden speziell Ihre Leistung zu verkaufen. Vor allem, bei erklärungsbedürftigen Produkten oder Lösungen spezieller Probleme, können Sie herausstellen, dass es kaum „vergleichbare" Angebote gibt. Bevor Sie über den Preis sprechen, stellen Sie deutlich heraus, dass etwas an Ihrer Leistung einmalig ist.

**„Es muss sich auch rechnen"**
Wenn Sie so weit sind, also gemeinsam mit Ihrem Kunden die optimale Lösung für seinen Bedarf herausgearbeitet und für ihn nachvollziehbar erklärt haben, können Sie ihm jetzt noch zeigen, dass sich Ihre Lösung auf jeden Fall rechnet. Damit ziehen Sie ihn komplett auf Ihre Seite und Sie sind Ihrem Auftrag ein gutes Stück näher gekommen.

Betrachten wir an einem Beispiel, wie Sie dieses „sich rechnen" des Preises darstellen können.

**Beispiel**
Ein Unternehmen hat deutschlandweit in seinen Niederlassungen 320 Laserdrucker im Einsatz. Kein Drucker darf länger als sechs Stunden ausfallen. Um dies sicherzustellen, gibt es einen Servicevertrag, bei dem ein Druckertechniker nach maximal vier Stunden vor Ort ist und mit der Reparatur beginnt.

Im Gespräch mit dem Kunden haben Sie erfahren, dass die durchschnittliche Ausfallzeit bei Störungen heute 6,3 h beträgt, die Zahl der Druckerstörungen im letzten Jahr 293 betrug und insgesamt vier verschiedene Druckermodelle im Einsatz sind. Alle Niederlassungen befinden sich auf dem deutschen Festland und in Städten mit mindestens 100.000 Einwohnern. Er hat einem Termin mit Ihnen zugestimmt, weil er einen Anbieter sucht, der ohne Mehrkosten die Ausfallzeit im Schnitt unter sechs Stunden drückt. Außerdem will er es nicht länger hinnehmen, dass in einigen Fällen die Reparatur erst im Laufe des nächsten Arbeitstages abgeschlossen wurde.

Sie arbeiten mit einem leistungsfähigen Logistikunternehmen zusammen, das in der Lage ist, an jeden Ort Deutschlands innerhalb von maximal vier Stunden zu liefern. Das gilt auch für Laserdrucker. Die Leistung umfasst das Aufstellen und Anschließen des Druckers vor Ort und die Mitnahme des defekten Gerätes. Im Vorfeld haben Sie von der Webseite des Kunden die Karte mit den Niederlassungen kopiert und von Ihrem Logistiker eine durchschnittlich zu erwartende Zustellzeit von 2,3 h erhalten.

Jetzt brauchen Sie von Ihrem Kunden nur noch die Kosten der Ausfallzeit eines Druckers. Seine Rücksprache mit dem Controlling ergibt, dass die von einem Druckerausfall betroffenen Mitarbeiter etwa zwei Stunden ohne Drucker arbeiten können. Danach entstehen Leerlauf und im Ergebnis Überstunden. Zum einen können Sie Ihrem Kunden jetzt die geforderten maximal vier Stunden Ausfallzeit bieten. Aber Sie können noch mehr. Um sicher zu gehen, bieten Sie ihm darüber hinaus 2,5 h durchschnittliche Ausfallzeit an. Der durchschnittliche unproduktive Arbeitsausfall reduziert sich mit Ihrer Lösung auf 0,5 h, gegenüber derzeit 4,3. Bei angenommenen 300 Ausfällen wären das $300 \times 3,8$ gleich 1140 h. Bei durchschnittlich 31,80 EUR Bruttokosten pro Überstunde, liegt die zu erwartende Einsparung bei 36.252 EUR jährlich. Bei dieser erheblichen Ersparnis ist Ihr Preis im Moment nicht entscheidend. Sie können in Ruhe kalkulieren und können dabei auf den berüchtigten spitzen Bleistift verzichten.

Egal, was Sie und Ihr Unternehmen anbieten, arbeiten Sie die Vorteile Ihres Angebotes so heraus, dass Sie konkret benennbare Merkmale für den Nutzen beschreiben können. Mittels der Nutzwertanalyse, einer Standardtechnik der Betriebswirtschaft, können Sie im Gespräch mit Ihrem Kunden auch nicht quantifizierbare Eigenschaften einen geldwerten Vorteil zuweisen. Ein Beispiel hierfür sind Imagekampagnen, die teilweise sehr teuer sind. Ein kluger Kopf hat dafür dem Image einen materiellen Wert beigemessen, um den Preis der Kampagne zu rechtfertigen.

Mit dem Top-Argument, dass sich Ihr Angebot rechnet, haben Sie – und Ihr Kunde – jetzt alle Informationen für ein schriftliches Angebot, das ja gewöhnlich die Grundlage jeder Entscheidung für die Erteilung eines Auftrags ist. Sie haben für sich und den Kunden auch im Piloten geklärt, was Sie ihm und seinem Unternehmen anbieten werden.

Um diese Phase im Gesprächsabschluss abzuschließen, gehen Sie mit dem Kunden noch einmal die wesentlichen Positionen durch. So stellen Sie sicher, dass er von Ihrem Angebot auf keinen Fall überrascht wird. Sie beugen damit auch der Grundangst des Klärungsprogramms vor.

Diese Angst vor unliebsamen Überraschungen bringt Ihren Kunden auch dazu, jetzt definitiv nach dem ungefähren Angebotspreis zu fragen. Da Sie alle Informationen haben, können Sie ihm ruhigen Gewissens auch eine erste grobe Einschätzung geben. Natürlich muss diese in jedem Fall glaubwürdig und marktgerecht sein. An der Reaktion Ihres Kunden werden Sie sehr schnell sehen, ob er das genauso sieht. Sieht es eher nicht danach aus, stehen die Chancen gut, dass Sie auf Ihre Frage nach seinem Budget eine belastbare Antwort bekommen. Steigen Sie jetzt auf keinen Fall schon auf eine Preisdiskussion ein! Die beginnt früh genug, wenn Ihr verbindliches Angebot vorliegt. Vielleicht hatte Ihr Kunde noch keinen Marktüberblick und falsche Vorstellungen. Dann ist er zunächst vom Preisrahmen Ihrer Produkte und Leistungen überrascht und braucht Zeit, um sich damit auseinanderzusetzen. Bis er Ihr schriftliches Angebot vorliegen hat, sieht er Ihren Preis möglicherweise anders. Wenn er wirklich von seiner selbst mit erarbeiteten Lösung überzeugt ist, dann tut er alles, um die Lösung intern durchzusetzen.

In dieser finalen Phase der Vorbesprechung Ihres Angebotes bieten sich für Sie noch weitere Fragen an. Etwa die nach weiteren Anbietern. Im Moment ist durch die gemeinsame Arbeit die Stimmung Ihres Kunden für Sie noch sehr positiv. Wenn Sie Ihre Mitbewerber kennen, können Sie im Angebot noch auf Stärken, die Sie abheben, gezielt hinweisen.

Nicht immer können Sie direkt mit dem Entscheider sprechen. In größeren Unternehmen ist das durchaus normal. Fragen Sie also, ob und in welchem Rahmen die Angebote präsentiert werden. Wenn Sie dies nicht selbst tun können, sondern zum Beispiel Ihr jetziger Gesprächspartner diesen Part, dann fragen Sie ihn, was er zu seiner Unterstützung braucht und was Sie ihm noch an die Hand geben können. Das kann z. B. die Unterstützung in Form von Folien im Folienmaster des Unternehmens sein oder ein speziell berechnetes Beispiel aus einem Unternehmensbereich, das zeigt, wie schnell sich Ihre Lösung rechnet.

So haben wir trotz Höchstpreis einmal eine Ausschreibung gewonnen, weil wir Video-Beispiele auf einem USB-Stick geliefert haben. Unser Gesprächspartner hat alle Konzepte vorgestellt und wir waren die einzigen, die unsere Lösung per Video illustriert hatten.

Besprechen Sie zum Abschluss Ihres Gespräches noch das weitere Prozedere. Fragen Sie dediziert nach: „Wenn Ihnen mein Angebot vorliegt, wie geht dann konkret weiter?" – „Wann können wir zum Angebot telefonieren?" – „Wie ist der weitere Entscheidungsweg?" – „Welche Unterstützung kann ich Ihnen dabei geben?"

Jede Branche und jede Berufsgruppe hat ihre typische Angebotsform und ihre spezifischen Anforderungen an die Vergleichbarkeit. Die folgenden Regeln helfen Ihnen dabei, sich trotzdem abzuheben.

**Regeln für die Angebotsformulierung**
1. Formulieren Sie ein strukturiertes, nach den Regeln von wort.macht. punkt. ausgearbeitetes Angebot! Ihr Kunde muss seine Wünsche und Ziele auf den ersten Blick wiedererkennen. Führen Sie ihm die gemeinsam entwickelten Bilder wieder vor Augen und nehmen Sie seinen Wortlaut und seine Argumente auf.
2. Bei Dienstleistungen bewährt sich die Struktur „Ist-Zustand – Soll-Zustand – Lösung – Investition". Erst wenn der Kunde alles verstanden, und möglichst bereits gekauft hat, kommt der Preis zur Sprache. Bei manchen Produkten kommen Sie natürlich um die Einzelpreise nicht herum. Bei individuellen Dienstleistungen sollten Sie Ihren Preis nicht unnötig transparent machen. Geben Sie einen Gesamtpreis an. Das stärkt Ihre Position in der Verhandlung.
3. Halten Sie Ihr Angebot übersichtlich und leicht lesbar. Fügen Sie bei mehr als drei Seiten ein Inhaltsverzeichnis bei. Diagramme, Grafiken und Bilder zur Veranschaulichung sind ein klares Plus. Ein Bild sagt mehr als 1000 Worte!

**Preisverhandlung**
Eine goldene Regel der Preisverhandlung haben Sie schon beachtet: Sie haben erst verkauft und verhandeln danach! Sie haben, in enger Zusammenarbeit mit Ihrem Kunden, eine Lösung entwickelt, die zum einen genau das ist, was Ihr Kunde sich vorstellt. Zum anderen haben Sie gezeigt, dass Sie der perfekte Lieferant dafür sind. So haben Sie für den Wettbewerb eine starke Hürde aufgebaut. Also, falls Sie die vorstehenden Abschnitte übersprungen haben, weil Sie auf dieses Thema besonders gespannt sind – dann lohnt es sich nochmals zurückzublättern.

Preisverhandlungen lassen sich grob in drei Kategorien einteilen.

**1. Die Preisdiktatur**
Hier diktieren die Kunden die Preise. Entweder weil sie eine erdrückende Marktmacht haben und immer zum niedrigsten Preis kaufen. Oder weil sie durch Gesetz oder selbst auferlegte Regeln jede Leistung öffentlich ausschrei-

ben und Rahmenverträge oder Projekte grundsätzlich an den günstigsten Anbieter vergeben. Wobei hier ausdrücklich nicht vom preiswertesten Angebot die Rede ist.

Wo hin das führt, dafür kennt wohl jeder von Ihnen Beispiele. Jeder kennt die Situation der europäischen Milchbauern oder den Berliner Flughafen.

Wenn Sie Produkte oder Dienstleistungen in diesem Marktsegment anbieten, dann hilft Ihnen nur ein knallhartes Kostenmanagement. Das Wissen und die Werkzeuge aus diesem Buch nützen Ihnen wohl nur, wenn Sie sich beruflich verändern wollen.

2. **Klare Preisstruktur**

Wenn Sie hochwertige, erklärungsbedürftige Produkte oder Dienstleistungen verkaufen, dann empfiehlt sich eine klare Preisstruktur mit Staffeln für Nachlässe und einem festen Portfolio von geldwerten Zusatz-Optionen. Letztere können zum Beispiel Zahlungs- und Lieferkonditionen, Zubehör, Serviceleistungen oder Verbrauchsmaterialien sein, die der Kunde statt eines Preisnachlasses bekommen kann. Das garantiert Ihrem Unternehmen stabil kalkulierbare Preise. Als Verkäufer haben Sie einen transparenten Preisrahmen und der Kunde erlebt Sie als flexiblen und konstruktiven Partner. Das Prinzip hinter diesem Modell lautet: „keine Leistung ohne Gegenleistung".

Die dabei entscheidenden Kompetenzen für Sie als Verkäufer bestehen zum einen in der Fähigkeit „Nein" zu sagen, wenn Sie an Preisgrenzen stoßen. Zum anderen in der Fähigkeit, Ihren Kunden durch gehirngerechte Fragen, Aktiv Zuhören 4.0 und greifbare Argumente nach wort.macht.punkt. zu überzeugen, dass er ein gutes Geschäft macht.

Am Ende liegt die Entscheidung beim Kunden, ob er bei Ihnen kauft, oder nicht. Solange Ihre Preise marktgerecht sind, bleibt Ihr Unternehmen dadurch betriebswirtschaftlich gesund, was letztlich auch das Interesse des Kunden sein muss. Und Sie als Verkäufer sichern sich so ein attraktives, sicheres Einkommen, ohne ständig mehr „Klinken zu putzen", weil Ihre Preise und Margen in den Keller gehen.

Neben PEK müssen Sie in dieser Konstellation zusätzlich eine Verhandlungstechnik im Schlaf beherrschen, die man oft als „Zug um Zug" bezeichnet. Verlangt der Kunde einen besseren Preis, dann bieten Sie ihm zum Beispiel fünf Prozent Skonto, wenn er Ihre Rechnung im Voraus zahlt, oder drei Prozent, wenn er innerhalb von 14 Tagen zahlt. Statt eines Nachlasses können Sie ihm auch einen über Jahre garantieren Vor-Ort-Service anstelle der Standardgarantie von zwei Jahren bieten. Der Kunde erhält damit eine höhere Leistung zum gleichen Preis. Ein Beispiel zur Verdeutlichung: Bei einem Listenpreis von 300 EUR pro Gerät, kalkuliert ein Unternehmen wohl mit Kosten von durchschnittlich 150 EUR, verteilt auf drei Jahre. Wobei die größte Belastung erst im dritten Jahr entsteht, weil dann die Herstellergarantie wegfällt. Auf der anderen Seite ist der Kunde dann ein Jahr länger an Sie gebunden, was Ihre Chance auf Anschlussaufträge erhöht.

Da Sie den Kunden während des Verkaufsgespräches sehr gut kennengelernt haben, fällt es Ihnen nicht schwer, die passende Option als geldwerten Vorteil vorzuschlagen.

Im Zweifel fragen Sie Ihren Kunden danach! Seine Frage: „Können Sie am Preis noch etwas machen?" klären Sie zum Beispiel mit: „Was ist denn der Hintergrund Ihrer Frage?" Wenn der Kunde dann erklärt, dass pro Arbeitsplatz ein Budget von 1000 EUR nicht überschritten werden darf, dann fragen Sie weiter. „Sind in diesem Budget auch Installationskosten und über die Herstellergarantie hinausgehende Serviceleistungen festgeschrieben?" Dies ist häufig nicht der Fall, was Ihnen und Ihrem Kunden die Flexibilität gibt, das Budgetproblem zu lösen. Immer unter der Prämisse, dass der Kunde genau diese Arbeitsplatzausstattung bei Ihnen kaufen will.

Wenn Ihre Gespräche mit dem Kunden bisher in guter Atmosphäre verlaufen sind, dann können Sie auch einmal den Ball zurückspielen. Durch „Im Moment sehe ich hier keine Möglichkeit für eine Preisreduktion ..." ist der Ball wieder im Spielfeld des Kunden, der nun vielleicht selbst einen Vorschlag entwickelt. Sie sehen, gehirngerechte Fragen sind auch hier Ihr Schlüssel zum Erfolg.

Ideen für alternative Leistungen können Sie aus den Antworten zu Ihren Fragen ableiten, die Sie bei der Lösungsfindung oder der Vorbesprechung Ihres Angebotes angesprochen haben. Je nachdem, was Ihr Kunde angesprochen hatte, können längere Garantiefristen, günstige Verbrauchsmaterialien oder längere Servicezeiten den angestrebten Preisnachlass aushebeln.

3. **Verkaufen über Nachlässe und Rabatte**

Wenn Ihr Angebot an Waren und Dienstleistungen wenige Ansätze für Alleinstellungsmerkmale bietet, dann sind Sie aus Sicht des Kunden natürlich austauschbar. Es gibt auch immer wieder Unternehmen, die ihr Potenzial, sich gegenüber dem Wettbewerb herauszustellen, nicht ausschöpfen. Oder noch schlimmer, keine klaren Regeln für die Preisbildung aufstellen oder durchsetzen. Verkäufer wählen dann gern den Weg des geringsten Widerstandes und verkaufen über den billigsten Preis – aus Bequemlichkeit oder wegen schlechter Ausbildung.

Doch Sie gehören zum Glück nicht zu Letzteren, sonst würden Sie das hier kaum lesen.

Auch wenn Sie verhandeln und feilschen müssen – oder auch wollen, wahren Sie immer Ihr Gesicht und bleiben Sie glaubwürdig! Setzen Sie dazu immer Ihren Piloten ein, bevor Sie nachgeben. Ihr Autopilot lässt sich oft einschüchtern oder hinreißen. Oder noch schlimmer, er verprellt voreilig den Kunden.

**Einfache Regeln für die Kontrolle Ihres Autopiloten**
1. **Gehen Sie mit drei Limits in die Preisverhandlung!**
   - Ihrem niedrigsten Preis, der für Sie akzeptabel ist (Schmerzgrenze),
   - Ihrem Preis, mit dem Sie sehr zufrieden wären, und schließlich
   - Ihrer Maximalforderung, deren Höhe Ihr Kunde gerade noch als nicht „unverschämt" empfindet.

Es ist vor allem die Maximalforderung, die Ihnen den Verhandlungsspielraum verschafft, den Sie brauchen, um möglichst Ihren Wunschpreis zu erzielen. Denn das unterste Limit können Sie nicht verhandeln, und mit welchem Preis Sie sehr zufrieden sein können, bestimmt vor allem Ihr Markt und wird Ihnen in der Regel vorgeschrieben. Die zuvor genannten drei Preislimits dürfen nicht zu weit auseinanderliegen. Ihre Maximalforderung sollte etwa 15 % bis maximal 20 % über Ihrer Schmerzgrenze liegen. Wenn Sie in einer Preisverhandlung mehr als diese Spanne nachgeben, dann verliert Ihr Verhandlungspartner den Respekt und hält Sie für unglaubwürdig oder unseriös. Im Zweifel wird die Verhandlung dann vertagt, um noch weitere Angebote einzuholen. Wenn Sie die Konkurrenz zu stark unterbieten, geben Ihnen seriöse Kunden den Auftrag auch nicht, weil Sie an Ihren Leistungen zweifeln. Womit wir bei der nächsten Grundregel sind:

2. **Bleiben Sie glaubwürdig!**
   - Geben Sie nie sofort nach und schon gar nicht unaufgefordert.
   - Machen Sie im Minimum eine Denkpause zum „Kalkulieren".
   - Stellen Sie Fragen, bevor Sie reduzieren, leisten Sie Widerstand! Etwa:
   - „Was ist Ihr Vergleichsmaßstab?"
   - „Was außer dem Preis, ist für Sie noch entscheidend?"
   - „Worum genau geht es Ihnen bei dieser Forderung?"

3. **Führen Sie eine Sicherheitskontrolle für Ihren Autopiloten durch!**
   - Vertagen Sie die Verhandlung spätestens dann, wenn Sie das mittlere Limit erreicht haben!

- Halten Sie telefonische Rücksprache oder
- vertagen Sie ganz: „Ich sehe keine weitere Möglichkeit einer Einigung. Aber weil Sie mir wichtig sind, frage ich im Hause, ob jemand noch eine Idee hat."
- Geben Sie so wenig Hoffnung wie möglich! Sagen Sie nie, „Ich schaue mal, was ich machen kann." Damit deuten Sie an, „da geht noch etwas" – das setzt Sie unter Lieferzwang.
- Fragen Sie nie „Welchen Preis stellen Sie sich denn vor?" Damit öffnen Sie einer harten Preisverhandlung Tür und Tor!
- Lassen Sie Ihren Verhandlungspartner kämpfen, verunsichern Sie ihn!

4. **Verteidigen Sie Ihren gerechtfertigten, realistischen Wunschpreis, Ihr mittleres Ziel!** Hilfreich dabei sind:
- Geldwerte Vorteile statt Rabatt
- Zubehör oder Verbrauchsmaterial
- Verlängertes Zahlungsziel
- Serviceleistungen

Seien Sie kreativ, stellen Sie hartnäckig Fragen, sodass Ihr Kunde seine Forderung erklären und erläutern muss. Lassen Sie sich mit Antworten und Entgegnungen Zeit, geben Sie nicht bei zu vielen Punkten nach. Lieber einen großen Schritt, zum Beispiel zehn Prozent, als viele kleine Zugeständnisse. Ein großer Nachlass, nach einer „Denkpause" wirkt deutlich souveräner als viele kleine Schrittchen. Ein Kunde nutzt Ihre Haltung aus und fordert an immer mehr Stellen Ihr Entgegenkommen.

Hier schließt sich der Kreis zur Einleitung dieses Kapitels. Zähe und unerfreuliche Preisverhandlungen können Sie sich ersparen, wenn Sie in Ihren vorangegangenen Gesprächen einen guten Job gemacht haben. Einem Kunden, der Sie schätzt und der bei Ihnen kaufen will, liegt nichts daran, viel zu feilschen. Und wenn Sie bisher nicht überzeugt haben, den verkaufen Sie auch nicht über den Preis, schon gar nicht langfristig. Das geflügelte Wort, „Was nichts kostet, ist auch nichts wert", gilt auch im Verkauf, zumindest bei seriösen Kunden.

Aus diesem Grunde sehen wir auch sogenannte Abschlusstechniken eher skeptisch. Verkaufen ist ein professioneller, durchgängiger Prozess. Mit Abschluss-Tricks können Sie zuvor gemachte Fehler oder Versäumnisse nicht mehr korrigieren. Die

Preisverhandlung und die Details Ihres Angebots stellen lediglich die letzte Phase im Beratungs- und Verkaufsgespräch dar. Der Charakter dieser letzten Phase hängt stark davon ab, wie Sie das Gespräch geführt haben. Vom Small Talk, über die Klärung des Bedarfs bis zur gemeinsamen Lösungsentwicklung haben Sie viele Pluspunkte gesammelt, sodass im Idealfall beide Parteien auf Augenhöhe verhandeln können – mit realistischen Vorstellungen und Zielen.

## Literatur

Häusel H (2008) Brain View. Haufe-Lexware, Freiburg

# Persönliche Entwicklung: PEK endet nicht bei Ihrer Kompetenz im Vertrieb!

**7**

## 7.1 Welchen Nutzen haben Sie ganz persönlich von PEK?

Wie Sie Praktische Emotionale Kompetenz für Echtzeit-Kommunikation im Vertrieb entwickeln, wissen Sie jetzt. Zumindest in der Theorie. So wie den meisten Seminarteilnehmern geht es jetzt vielleicht auch Ihnen: Sie finden vieles brauchbar und interessant. Bei der einen oder anderen Technik haben Sie eventuell noch Bedenken, ob und vor allem wie Sie diese sinnvoll nutzen können. Das ist völlig normal und in Ordnung. Denn Sie können nur das mit Erfolg anwenden, von dem Sie innerlich zu 100 % überzeugt sind. Sie finden Ihren eigenen Weg zu PEK nur, indem Sie Techniken ausprobieren und anwenden. Freuen Sie sich über Erfolge, die Sie in Ihrem Autopiloten bestärken und in Ihrem Piloten überzeugen. Akzeptieren Sie aber auch Misserfolge! Klären Sie mit Hilfe von PEK, warum etwas nicht gut geklappt hat. Können Sie z. B. Ihre Fragetechnik optimieren oder ist es besser, Ihr Fragen komplett neu auszurichten, sodass Sie wirklich für Sie anwendbar sind. So füllen Sie nach und nach Ihren ganz persönlichen Werkzeugkasten und adaptieren die Werkzeuge darin bis zur Perfektion.

Die wichtigste Botschaft, die Sie inzwischen sicher nachvollziehen können, ist die, dass Sie Lesen allein nicht ans Ziel bringt. Wissen und Nachvollziehen ist wichtig, doch das hilft Ihnen noch nicht, genauso wenig wie gute Ratschläge und Tipps. Selbst wenn Ihnen ein Rat klug und wichtig erscheint und Sie ihn für sich unterschreiben können – wenn Sie die damit verbundenen Regeln, Methoden und Techniken nicht verinnerlichen, bleibt es meist beim Versuchsstadium, das so lange anhält, bis der Alltag die Erinnerung an Ihre guten Vorsätze verblassen lässt. Was Sie brauchen, um sich weiter zu entwickeln, ist Motivation. Motivation ist der Schlüssel zu jeder Veränderung.

© Springer Fachmedien Wiesbaden GmbH 2017
W. Schneiderheinze und C. Zotta, *Überzeugen 4.0*,
DOI 10.1007/978-3-658-16291-7_7

**Ihre Motivation ist der Schlüssel**

Wenn Sie mit dem Üben und Praktizieren anfangen, dann motivieren Sie sich selbst am besten, indem Sie sich ein konkretes Ziel oder Problem suchen, das Sie stark bewegt. Auch wenn es nur „klein" erscheint im Vergleich dazu, was Sie mit PEK alles erreichen können. Sie müssen immer mit einem ersten Schritt beginnen. Und um an ein großes Ziel zu kommen, brauchen Sie viele kleine Ziele. Vergleichen Sie es mit einem Marathonlauf. Wenn Sie untrainiert sind, fangen Sie mit kleinen Etappen an, vielleicht mit drei bis vier Kilometer, die Sie flüssig durchlaufen können. Wenn Sie diese Strecke mit immer weniger Mühe laufen, dann erweitern Sie die Distanz und/oder das Tempo. Auf PEK übertragen, üben Sie dann eine weitere Technik, die Sie in der Kommunikation im Vertrieb voranbringt.

Nehmen Sie sich Zeit, um herauszufinden, was Sie als erstes verändern wollen. Etwas, das Ihnen besonders schwerfällt und das Sie „schon lange einmal" ändern wollten. Klären Sie für sich, warum Sie das wollen und was Sie davon haben werden. Wenn Sie am Anfang ungenau sind, verlieren Sie Ihr Ziel schnell aus dem Auge, denn die Mühe erscheint Ihnen bald zu hoch und der Nutzen zu vage.

Sie kennen das vielleicht schon. Es wäre schön, beim nächsten Urlaub in Spanien ein bisschen besser spanisch zu sprechen. Sie besorgen sich ein Buch und eine Lern-CD oder melden sich vielleicht sogar an der Volkshochschule für einen Kurs an. Doch bald stellen Sie fest, dass das Lernen nach Buch und CD ziemlich viel Zeit kostet, oder bei den Abendkursen an der Volkshochschule immer wieder etwas dazwischenkommt. Mehr Spanischkenntnisse waren ein schöner Wunsch, doch Sie haben von Anfang keine hohe Priorität darauf gelegt und Aufwand und Zeit dafür eingeplant, den Sprachkurs auch umzusetzen. Wohl auch deshalb, weil der nächste Urlaub noch so lange hin ist und Sie im Moment Wichtigeres zu tun haben.

Damit Sie eine Sprache unbedingt lernen wollen, brauchen Sie eine starke innere Motivation. Etwa weil Sie eine Finca geerbt haben und ab jetzt dort den Sommer verbringen wollen. Es ist Ihnen wichtig, mit Ihren neuen Nachbarn reden zu können. Oder weil Sie sich in Spanien unsterblich verliebt haben. Dann schaffen Sie Freiräume für Ihren Sprachlehrgang und die notwendigen Hausaufgaben. Oder Sie melden sich in einer professionellen Sprachschule an und planen die Unterrichtszeiten fest in Ihren Alltag ein. Beides gelingt Ihnen, weil Sie ein ganz konkretes, Ihnen sehr wichtiges Ziel vor Augen haben.

▶    Nur Ihre eigene Motivation gibt Ihnen die Willensstärke und das nötige Durchhaltevermögen, gerade dann wenn der Weg zwischendurch mühsam erscheint. Eine hohe Motivation lässt keine Zweifel aufkommen, ob Sie das Lernpensum bewältigen können. Sie schaffen das, weil Sie realistisch geplant haben – und weil Sie es unbedingt wollen.

## 7.2    So erstellen Sie Ihren persönlichen Aktions- und Übungsplan

Genauso verhält es sich mit dem Aneignen von PEK. Nur wenn Sie ein konkretes, drängendes Problem damit angehen oder ein bestimmtes, für Sie wichtiges Ziel erreichen wollen, die jeweils stark genug sind, um Sie immer wieder zu motivieren, werden Sie PEK geduldig entwickeln und immer erfolgreicher einsetzen. In Ihren täglichen Gesprächen mit Kunden, Lieferanten, Vorgesetzten und Kollegen. Denn Ihr kommunikativer, vertrieblicher Alltag ist ein Teil Ihres Lebens und umgibt Sie Tag für Tag.

Ein motivierendes Problem oder Ziel finden Sie am schnellsten, wenn Sie überlegen, was Sie auf keinen Fall länger erleben möchten. Typische Aussagen von Seminarteilnehmern sind folgende: „Ich möchte nicht immer gleich einknicken, wenn ein Gegenargument kommt." – „Mir fällt immer erst hinterher ein, was ich hätte sagen können, gerade, wenn der andere schlagfertig ist." – „Ich bin so ungeduldig, ich weiß doch eh, was der Kunde gleich sagen wird." – „Mit Small Talk habe ich meine Probleme, ich weiß nicht, was ich sagen soll."

Wenn Sie ein ähnliches Thema haben, das Sie schon lange stört, dann ziehen Sie daraus genügend Energie, um Ihr Thema anzugehen. Was Sie dafür als erstes brauchen, ist ein Übungsplan, den Sie noch heute mit Leben füllen. Klären Sie für sich, wie Sie Schritt für Schritt Ihrem Ziel näherkommen. Womit starten Sie? Was ist Ihr erstes Ziel? Welches das nächste? Wie messen Sie Erfolge? Wie werten Sie Rückschläge aus? Mit wem sprechen Sie über Ihren Fortschritt? Das Letzte ist keine Bedingung für Erfolg, aber eine starke Quelle für Motivation. Nehmen wir ein Beispiel:

**Beispiel**

Sie haben das Ziel, „nicht gleich einzuknicken, wenn ein Gegenargument kommt". Was bedeutet diese Aussage? Sie fühlen sich schnell unsicher und nicht mehr souverän, wenn Gegenwind kommt. Dann überlassen Sie die Führung des Gesprächs anderen, Sie agieren nicht mehr, Sie reagieren. In solchen Momenten zweifeln Sie an Ihrem Gesprächsziel, Ihrer Kompetenz oder der Qualität Ihrer Dienstleistung oder Ihres Produkts. Solche Gegenargumente sind häufig: „andere sind billiger", „so besonders ist Ihr Angebot auch wieder nicht", „es gibt vielleicht interne Lösungen …".

Solche Formulierungen lösen über Ihre Amygdala Alarm aus. Die darauf folgenden Reflexe sind „Kampf" oder „Flucht". In unserem Beispiel ist es Flucht, denn „einknicken" beschreibt Ihre Flucht im Kontext der Zivilisation

und steht für nachgeben, zurückziehen, oder sogar aufgeben. Das Balanceprogramm beherrscht Ihren Autopiloten. Nach dem Gespräch fühlen Sie sich
schlecht, weil es komplett schiefgelaufen ist, weil Sie sich wie ein Schüler
vorkamen, der vor seinem strengen Lehrer steht. Sie brauchen einige Zeit, bis
Sie wieder Ihr inneres Gleichgewicht gefunden haben und sind froh, dass nicht
alle Kunden so sind. Schließlich kennen Sie Ihr Angebot im Schlaf, haben
Vorteile und Argumente verinnerlicht.

Und so sieht die Checkliste für Ihren Übungsplan aus, damit Sie das nie wieder
erleben müssen:

**Checkliste Übungsplan**
- **Schritt 1:**
  - Überarbeiten Sie alle Erklärungen, Beschreibungen und Argumente
    für Ihre Produkte oder Leistungen nach den Regeln von **wort.macht.
    punkt.**
  - Das gibt Ihnen Sicherheit beim Vorstellen Ihres Angebotes. Vor allem
    aber wirkt das, was Sie sagen, emotional auf Ihre Gesprächspartner.
    Denn Ihre Sicherheit und Ihr klare, bildhafte Sprache beeindruckt.
    Und das Risiko abwertender Gegenargumente sinkt dadurch!
  - Natürlich können und sollten Sie das auch in Ihrem Privatleben
    umsetzen. Wenn Sie hier Vorschläge machen, Bitten äußern oder Kri-
    tik üben, dann hilft auch hier wort.macht.punkt. Denn abwertende
    Gegenargumente gibt es nicht nur im Berufsleben. So erweitern Sie
    das Feld Ihrer Möglichkeiten zum Üben.
- **Schritt 2:**
  - Den Alarm Ihrer Amygdala können Sie nicht verhindern. Weder beruf-
    lich noch privat. Doch auf die Auswirkung des Alarms haben Sie Ein-
    fluss! Üben Sie, nicht sichtbar zu reagieren. Trainieren Sie sich die
    Fähigkeit an, sich Zeit für Ihren Piloten zu verschaffen. Denn Ihr Pilot
    braucht Zeit und Zeit bringt Ihnen Ihre verinnerlichte Technik. Gegen
    die Bemerkung: „So besonders ist Ihr Angebot auch wieder nicht" hilft
    zum Beispiel: … „Aha" … „Okay" … „Was genau vermissen Sie?".
    Wenn Ihnen das leicht von den Lippen kommt, weil Sie diese Tech-
    nik verinnerlicht haben, weil Sie Ihren Autopiloten neu programmiert
    haben, dann findet Ihr Pilot die Zeit, sich ein Bild von der Situation zu
    machen. Wenn es keinen Grund zum Einknicken gibt, dann knicken

Sie nicht mehr ein, sondern klären die Situation durch gehirngerechte Fragen.

– Auch dieses neue Verhaltensmuster **„Zeit gewinnen – reflektieren – gehirngerecht Fragen – Situation klären – bewusst entscheiden"** können Sie leicht im Privatleben nutzen und trainieren. Wenn Sie einen Kinobesuch oder eine neue Anschaffung vorschlagen und versuchen, auf die Entgegnungen Ihrer Familie oder Freunde wie im Berufsleben mit PEK zu begegnen.

• **Schritt 3:**

– Erfolg ist mindestens 50 % Vorbereitung. Bereiten Sie jedes Gespräch gründlich vor. In Kap. 6 finden Sie für jedes Kundengespräch Anregungen und Schwerpunkte. Eckpunkte sind hier die **Gesprächsziele,** die verfügbare **Zeit** und der mögliche **Ablauf** des Gesprächs.

– Bereiten Sie sich auf unterschiedliche Szenarien vor! Welche Änderungen der Gesprächsziele, sowohl beim Kunden als auch bei Ihnen, sind denkbar? Wie lösen Sie kurzfristige Änderungen der Gesprächszeit durch den Kunden? Ist Ihre Präsentation oder Ihre Gesprächsstrategie flexibel? Wie meistern Sie Änderungen im Ablauf oder bei den Teilnehmern? Was machen Sie, wenn die Präsentationstechnik versagt oder gar nicht vorhanden ist.

– Je besser Sie sich nach diesen Kriterien vorbereiten, desto gelassener reagiert Ihre Amygdala auf Überraschungen. Denn keine Überraschung ist mehr bedrohlich.

– In der hier beschriebenen Weise können Sie auch Gehaltsgespräche, Jahresgespräche oder ein Bewerbungsgespräch vorbereiten. Je besser vorbereitet Sie sich fühlen, je ruhiger und selbstbewusster gehen Sie in jedes Gespräch. Und gibt es doch mal eine Überraschung, dann bringt Sie das nicht aus der Ruhe, denn Sie haben Schritt 2 ja verinnerlicht.

Wenn Sie diese drei Schritte Revue passieren lassen, werden Sie mit dem Wissen aus diesem Buch erkennen, dass alle drei vordergründig dazu dienen, Ihr Balanceprogramm daran zu hindern, „einzuknicken". Doch es steckt noch mehr dahinter. Je besser Sie nach diesem Programm trainiert sind, desto eher springt in kritischen Situationen nach dem Reflektieren im Piloten die positive Seite Ihres Dominanzprogramms an: Sie wissen dann, was Sie wollen und wie Sie es erreichen.

So handeln Sie automatisch **pragmatisch, ziel- und ergebnisorientiert** und erreichen damit ein wesentliches Ziel von PEK. Aber es geht bei PEK um nachhaltigen Erfolg durch überzeugende Kommunikation. Dafür müssen Sie emphatisch und wertschätzend kommunizieren. Dorthin bringt Sie der nächste Schritt.

- **Schritt 4:**
  - Empathie und Wertschätzung sind mehr als moralische Appelle. Wer sein Handeln danach ausrichtet, wird langfristig erfolgreich sein, weil seine Beziehungen zu Kunden, Kollegen und privaten Freunden und Bekannten auch auf der Gefühlsebene stimmig sind. Der Beitrag von PEK hierzu ist das Wissen darüber, wie der Mensch tickt, gepaart mit der Fähigkeit, das gerade aktive Programm bei sich selbst und vor allem bei anderen zu erkennen. Besonders in Kap. 2 haben wir Ihnen das ausführlich vorgestellt und mit Beispielen illustriert. Das sollte Sie in die Lage versetzen, zu erkennen, ob Ihnen jemand dominant oder im Balanceprogramm gegenübersteht. Wie in unserem Beispiel, aus welchem Programm heraus eine Bemerkung wie: „So besonders ist Ihr Angebot auch wieder nicht" geäußert wird.
  - Was ist Ihr erster Eindruck? Natürlich scheint vieles für das Dominanzprogramm zu sprechen. Aber hier macht der Ton die Musik. Achten Sie darauf. Auch auf den Blickkontakt. Sagt Ihr gegenüber Ihnen das direkt ins Gesicht? Nur das spricht für Dominanz. Die Formulierung ist noch kein direkter Angriff. Das wäre eher „Sie bieten da nichts Besonderes".
  - Vielleicht ist Ihr Kunde nur im Stimulanzprogramm enttäuscht? Hat er mehr erwartet? Diese Enttäuschung würden Sie an der Stimme hören. Außerdem haben Sie ja den bisherigen Kontext Ihres Gespräches für weitere Informationen.
  - Auch aus dem Balanceprogramm heraus könnte vorherige Bemerkung fallen. Denn: Die Aussage ist, wie schon gesagt, nicht übermäßig scharf oder gar aggressiv. Spricht Ihr Gesprächspartner ohne Sie dabei anzuschauen, dann spricht vieles für ein aktives Balanceprogramm hinter dieser Äußerung.
  - Deshalb ist die klärende Gesprächsführung aus Schritt 2 ein guter Weg, auch das Programm hinter der Äußerung zu erkennen und darauf im weiteren Gespräch einzugehen.

Diesen Übungsplan können Sie natürlich auch auf andere Ziele übertragen. Ob Sie üben wollen, mehr Geduld zu haben und dem Gesprächspartner nicht ins Wort zu fallen oder ob Ihnen Small Talk schwerfällt, oder ob Sie als eher technisch ausgebildeter Mensch Schwierigkeiten sehen, wenn es um die „emotionalen Aspekte" des Verkaufsgesprächs geht: Die Regeln und Techniken, die Werkzeuge von PEK helfen Ihnen auch hier weiter. Nehmen Sie das zuvor beschriebene Muster als Checkliste, nach der Sie sich den gewünschten Übungsplan selbst zusammenstellen.

Sie sehen also, wie wichtig und gleichzeitig einfach es ist, die leicht zu praktizierenden Techniken immer wieder in anderen Situationen, in einem anderen Kontext zu üben. Da es um Kommunikation geht, können Sie diese in jedem Gespräch einsetzen, egal mit wem und aus welchem Anlass. Sie werden feststellen, dass Ihnen auch private Diskussionen leichter fallen, wenn Sie Ihre Familienmitglieder oder Freunde wie Kunden behandeln und versuchen, die Motive zu verstehen, die sie bewegen.

Üben heißt bei PEK immer auch anwenden. Sie müssen nicht auf dem Papier üben oder im stillen Kämmerlein, Sie üben live im Privat- wie im Kundengespräch. Sie erleben die Resultate unmittelbar. So können Sie immer wieder nachjustieren. Was hat gut geklappt, was hat sich (noch) nicht für Sie bewährt? Dass es kein universelles Rezept für PEK gibt, ist Ihr größter Vorteil: Sie finden Ihren eigenen Weg und spüren mit der Zeit, was das Richtige für Sie ist. Mit PEK können Sie immer wieder Neues probieren und weiter optimieren. Sie werden vielleicht niemals perfekt, aber jeden Tag besser. Versprochen!

Printed by Printforce, the Netherlands